全国职业培训推荐教材
人力资源和社会保障部教材办公室评审通过
适合于职业技能短期培训使用

钳工基本技能

（第二版）

中国劳动社会保障出版社

图书在版编目(CIP)数据

钳工基本技能/孙俊主编. —2版. —北京：中国劳动社会保障出版社，2009

职业技能短期培训教材

ISBN 978-7-5045-7833-4

Ⅰ.钳…　Ⅱ.孙…　Ⅲ.钳工-专业学校-教材　Ⅳ.TG9

中国版本图书馆CIP数据核字(2009)第099236号

中国劳动社会保障出版社出版发行

（北京市惠新东街1号　邮政编码：100029）

出 版 人：张梦欣

*

北京隆昌伟业印刷有限公司印刷装订　新华书店经销

850毫米×1168毫米　32开本　5.5印张　135千字

2009年6月第2版　2023年7月第21次印刷

定价：10.00元

营销中心电话：400-606-6496

出版社网址：http://www.class.com.cn

前言

职业技能培训是提高劳动者知识与技能水平、增强劳动者就业能力的有效措施。职业技能短期培训，能够在短期内使受培训者掌握一门技能，达到上岗要求，顺利实现就业。

为了适应开展职业技能短期培训的需要，促进短期培训向规范化发展，提高培训质量，中国劳动社会保障出版社组织编写了职业技能短期培训系列教材，涉及二产和三产百余种职业（工种）。在组织编写教材的过程中，以相应职业（工种）的国家职业标准和岗位要求为依据，并力求使教材具有以下特点：

短。教材适合 15 ~ 30 天的短期培训，在较短的时间内，让受培训者掌握一种技能，从而实现就业。

薄。教材厚度薄，字数一般在 10 万字左右。教材中只讲述必要的知识和技能，不详细介绍有关的理论，避免多而全，强调有用和实用，从而将最有效的技能传授给受培训者。

易。内容通俗，图文并茂，容易学习和掌握。教材以技能操作和技能培养为主线，用图文相结合的方式，通过实例，一步步地介绍各项操作技能，便于学习、理解和对照操作。

这套教材适合于各级各类职业学校、职业培训机构在开展职业技能短期培训时使用。欢迎职业学校、培训机构和读者对教材中存在的不足之处提出宝贵意见和建议。

人力资源和社会保障部教材办公室

简介

本书首先对钳工的工作内容、特点、技能要求和安全生产知识做一个初步介绍。然后介绍钳工常用设备、工量具，重点介绍钳工常用量具的使用。在介绍钳工操作技能前，对金属材料和机械识图等必要机械基础知识进行介绍。最后介绍划线，錾削、锯削和锉削，孔加工，螺纹加工，矫正和弯形等钳工操作技能。本书坚持第一版教材实用、适用的特点，在每个技能模块后都配备相应的技能训练，强化技能操作，以提高学员技能水平。

本书由孙俊主编，申如意、戴文博参编；陈海魁审稿。

目录

第一单元　认识钳工及其常用设备、工量具

培训目标：

1. 了解钳工工作任务和基本技能；

2. 了解钳工的常用设备、工量具；掌握台虎钳的使用、拆装和保养；

3. 掌握钳工操作的安全文明生产要求。

一、认识钳工

1. 钳工的加工任务

钳加工是一般在钳台上以手工工具为主，对工件进行的各种加工方法。

钳加工是机械制造中最古老的一种金属加工技术，19 世纪以后，由于各种机床的发展和普及，逐步使大部分的钳工作业实现了机械化和自动化，但是在机械制造过程中钳加工仍是广泛被应用的基本技能。在实际生产过程中，钳加工主要担任的加工任务有：

（1）加工零件。在一些采用机械方法不适宜或不能解决的加工场合，如零件加工过程中的划线、精密加工（如刮削、研磨、锉削样板等）以及检验和修配等，都可由钳工来完成，如图 1—1 所示。

（2）装配。装配是把零件按机械设备的装配技术要求进行组件、部件装配和总装配，并经过调整、检验和试车等，使之成为合格的机械设备。图 1—2 所示为钳工正在进行大型机械设备的装配，图 1—3 所示为钳工正在对已装配的部件进行相关精度的检验。

（3）设备维修与管理。当机械设备在使用过程中产生故障、

a)

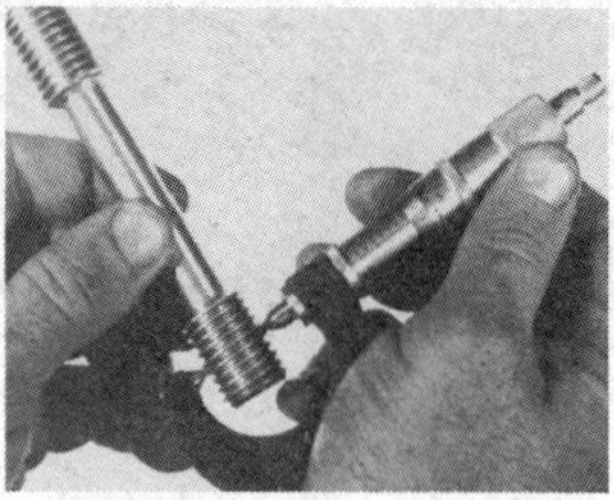

b)

图 1—1　加工零件

a）刮削加工　b）螺纹零件的检验

图 1—2　大型机械设备的装配

图 1—3　机床部件的精度检验

出现损坏或长期使用后精度降低而影响使用时，也要通过钳工进行维护或修理，如图 1—4 所示。

（4）工具的制造和修理。制造和修理各种工具、夹具、量具、模具及各种专用设备，也是钳工工作任务之一。图 1—5 所示为制造的冲压模具。

2. 钳工的基本技能

随着机械工业的日益发展，许多繁重的工作已被机械加工所代替，但那些精度高、形状复杂零件的加工以及设备安装、调试和维修是机械加工难以完成的。由于钳工操作技术性强、灵活性大、手工操作多、工作范围广，所以往往这些工作仍需靠钳工精湛的技艺去完成。因此，钳工操作技能的高低将对生产质量起决定性的作用。

图 1—4　机床维修

图 1—5　冲压模具

要成为一名合格的钳工，必须掌握好钳工的各项基本操作技能，其内容包括划线、錾削、锯削、锉削、钻孔、扩孔、锪孔、铰孔、攻螺纹、套螺纹、矫正与弯形、铆接、刮削、研磨、机器装配调试、设备维修、测量和简单热处理等。其部分操作如图 1—6 所示。

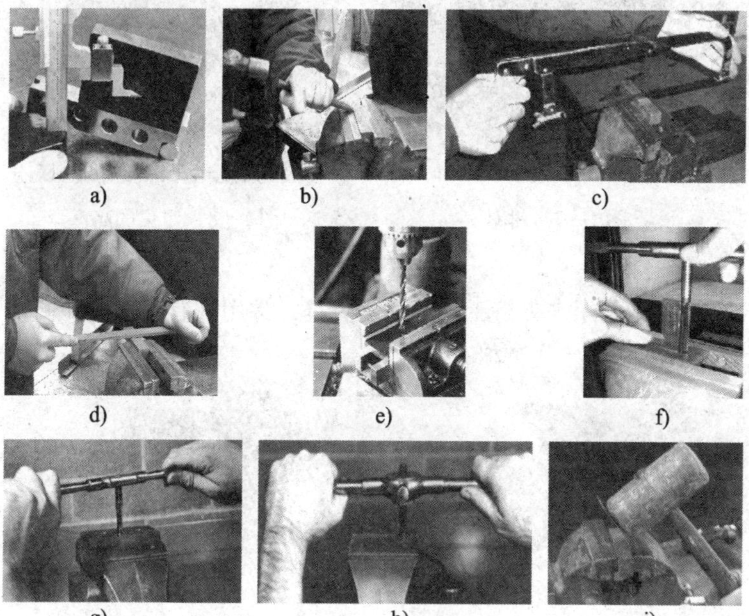

图 1—6　部分钳工操作技能

a）划线　b）錾削　c）锯削　d）锉削　e）钻孔

f）铰孔　g）攻螺纹　h）套螺纹　i）弯形

二、钳工常用设备

1．钳桌

钳桌是用来安装台虎钳、放置工具和工件的，如图 1—7 所示，其高度为 800～900 mm，装上台虎钳后整个高度与操作者工作时的高度相适应，一般使钳口高度恰好与操作者肘齐平为宜，即肘放在台虎钳最高点半握拳，拳刚好抵于操作者的下颚，如图 1—8 所示。钳桌的长度和宽度则随工作而定。

图 1—7　钳桌

图 1—8　钳桌的高度

2．台虎钳

台虎钳是用来夹持工件的通用夹具，常用的有固定式和回转式两种，如图 1—9 所示。

a)

b)

图 1—9　台虎钳

a）固定式台虎钳　b）回转式台虎钳

回转式台虎钳在使用中由于工作位置便于调节，故应用较为广泛。其结构和工作原理如图 1—10 所示：活动钳身通过导轨与固定钳身作滑动配合。丝杠装在活动钳身上，可以旋转，但不能轴向移动，并与安装在固定钳身内的丝杠螺母配合。当摇动手柄使丝杠旋转，就可以带动活动钳身相对于固定钳身作轴向移动，起夹紧或放松工件的作用。弹簧借助挡圈和开口销固定在丝杠上，其作用是当放松丝杠时，可使活动钳身及时地退出。在固定钳身和活动钳身上，各装有钢制钳口，并用螺钉固定。钳口的工作面上制有交叉的网纹，使工件夹紧后不易产生滑动。钳口经过热处理淬硬，具有较好的耐磨性。固定钳身装在转座上，能绕转座轴线转动，当转到要求的方向时，扳动夹紧手柄使夹紧螺钉旋紧，便可在夹紧盘的作用下与固定钳身固紧。转座上有三个螺栓孔，用以与钳台固定。

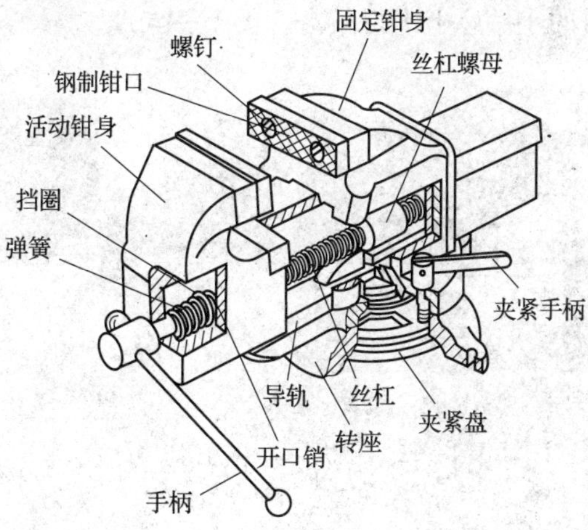

图 1—10　回转式台虎钳的结构

台虎钳的规格以钳口的宽度表示，如图 1—11 所示，常用的规格有 100、125、150 mm 等。工件在台虎钳上装夹时，必须使固定钳身的工作面处于钳台边缘以外，以保证夹持长条形工件时，工件的下端不受钳台边缘的阻碍，如图 1—12 所示。

图 1—11　钳口宽度

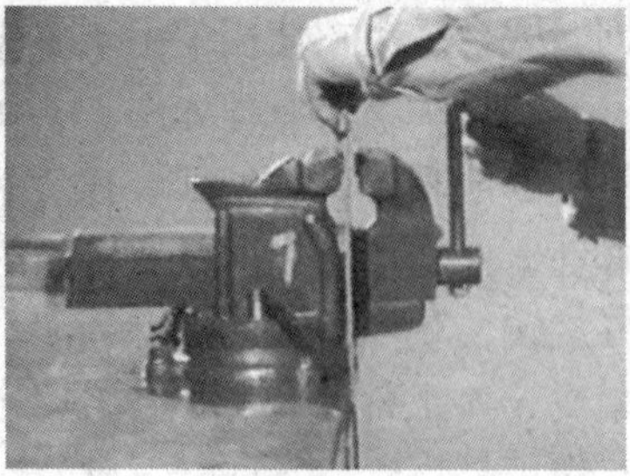

图 1—12　工件在台虎钳上的装夹

使用台虎钳时，夹紧工件只能利用手的力量扳动手柄，力的大小既要保证夹紧可靠，又不要损伤工件。夹紧时既不能用套管做加力杆（图 1—13a）；也不能用锤子敲击手柄（图 1—13b），以免损伤丝杠及钳身等。同时还不能在活动钳身的光滑面上进行敲击操作（图 1—14a），如有小工件需要敲击时，可将工件放置在固定钳身的小砧座上进行敲击（图 1—14b）。

a)

b)

图 1—13　台虎钳夹紧的错误方法

a）使用套管　b）使用锤子

3. *砂轮机*

砂轮机由砂轮、电动机和机座组成，如图 1—15 所示。砂轮机主要用来刃磨錾子、钻头（图 1—16）和刮刀等刀具或其他工具，也可用来磨去工件或材料上的毛刺、锐边、氧化皮等。

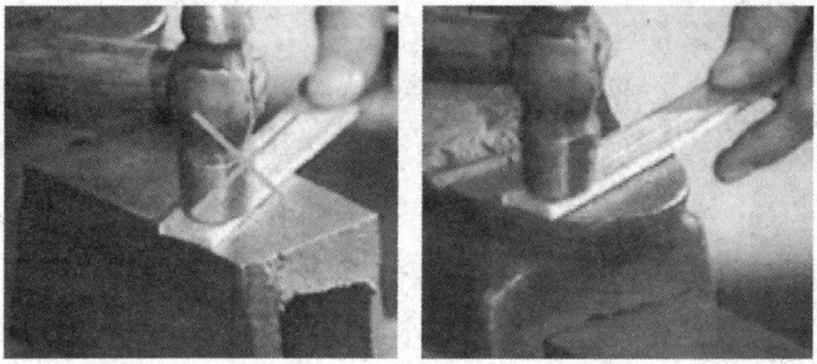

a)　　　　　　　　b)

图 1—14　利用台虎钳矫正工件

a）错误　b）正确

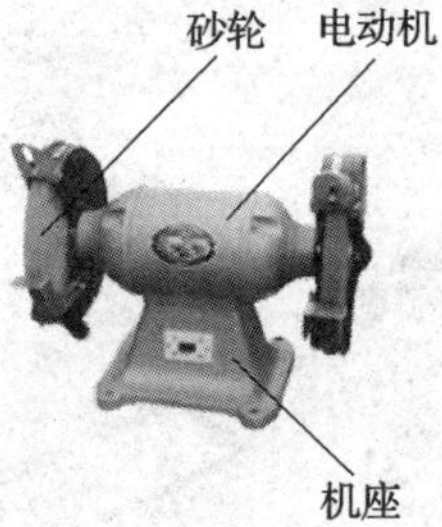

图 1—15　砂轮机

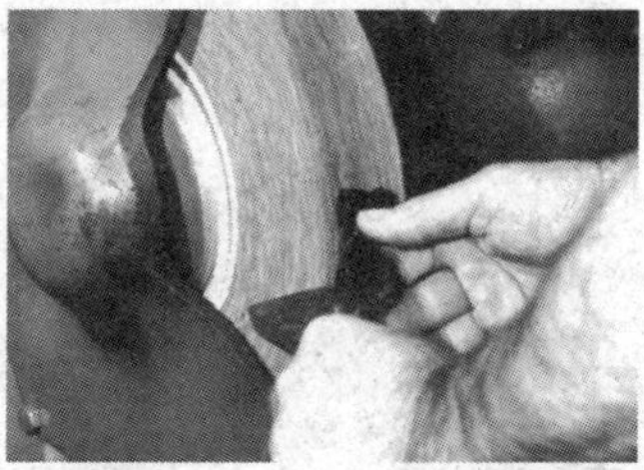

图 1—16　利用砂轮机刃磨钻头

4．钻床

钻床是进行孔加工的设备，有台式钻床、立式钻床和摇臂钻床等，如图 1—17 所示。

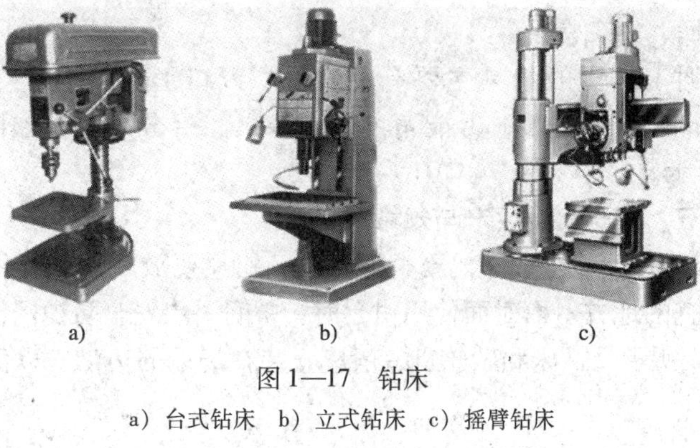

a)　　　　b)　　　　c)

图 1—17　钻床

a）台式钻床　b）立式钻床　c）摇臂钻床

三、钳工常用工具

钳工常用的工具和刃具主要有划线用的划针、划线盘、划规、样冲和划线平板等；錾削工具有锤子和各种錾子；锉削工具有各种锉刀；锯削工具有手锯和锯条；孔加工工具有麻花钻、各种锪钻和铰刀；螺纹加工工具有丝锥、板牙和铰杠；刮削工具有各种平面刮刀和曲面刮刀。此外还有各种扳手和旋具等，如图1—18所示。

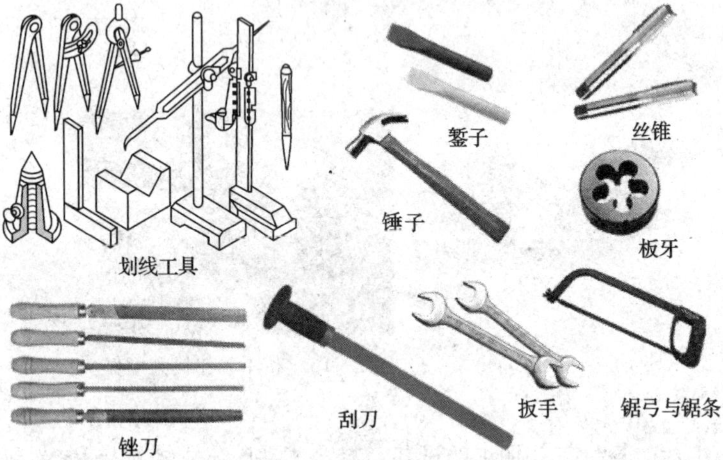

图1—18　钳工常用工具

四、钳工常用量具

钳工常用的量具主要有钢直尺、刀口形直尺、90°角尺、游标卡尺、千分尺、万能角度尺、塞尺、百分表等，如图1—19所示。

五、安全文明生产与规章制度

1. 主要设备的布局要合理适当，钳桌要放在便于工作和光线适宜的地方。面对面使用钳台时，中间要装安全防护网，如图1—20所示。钻床和砂轮机一般应安装在场地的边沿，以保证安全。

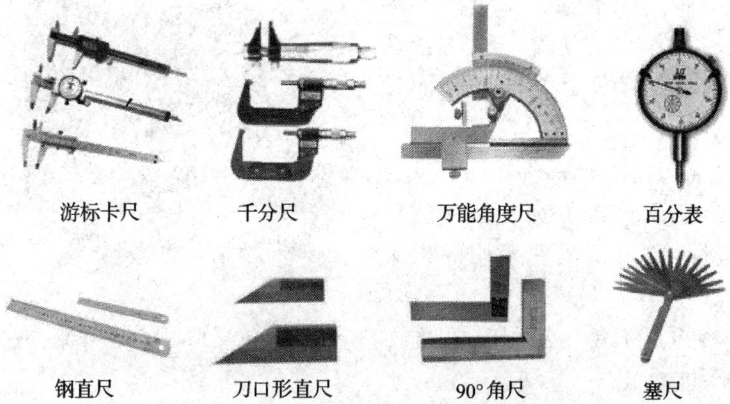

图 1—19　钳工常用量具

图 1—20　带安全防护网的钳桌

2. 使用的机床、工具（如钻床、砂轮机、手电钻等）要经常检查，发现损坏或故障要及时报修，在未修好前不得使用。

3. 使用电动工具时，要有绝缘防护和安全接地措施。使用手砂轮时，要戴好防护眼镜。在钳台上进行錾削时要有防护网。清除切屑时要用刷子，不得直接用手或棉纱清除，更不能用嘴吹。

4. 毛坯和已加工零件应放置在规定位置，排列整齐平稳，保证安全，便于取放，并避免碰伤已加工工件表面。

5. 工量具的摆放，应满足下列要求：

（1）在钳台上工作时，工量具应按次序排列整齐，如图 1—21 所示，一般为了取用方便，右手取用的工具放在台虎钳的右侧，左手取用的工具放在左侧，量具放在台虎钳的右前方。也可以根据加工情况把常用工具放在台虎钳的右侧，其余的放在左侧。

但不管如何放置，工量具不能超出工作台的边缘，以防止活动钳身的手柄旋转时碰到而发生事故。

(2) 量具在使用时不可与工具或工件混放在一起，应放在量具盒上或放在专用的板架上。

图 1—21　工量具的摆放

(3) 工具在使用时要摆放整齐，以方便取用，不能乱放，更不能叠放。

(4) 工量具要整齐放在工具箱内，并有固定的位置，不得任意堆放，以防损坏和取用不便。

(5) 量具每天使用完毕后，应擦拭干净，做一定的保养，并放在专用的盒内。

6. 工作场地应保持整洁、卫生。工作完毕后，使用过的设备和工具都要按要求进行清理和涂油，工作场地要清扫干净，铁屑、铁块、垃圾等要分别倒在指定的位置。

技 能 训 练

一、训练内容

1. 参观实习车间。

2. 明确各人的实习工位，并发放工量具。

3. 对自己所在工位的台虎钳进行拆装和保养工作，掌握台虎钳各零件的名称及作用。

4. 对台虎钳进行保养。

二、训练要求

通过擦拭、清扫、润滑、调整等一般方法对设备进行护理，以维持和保护设备的性能和技术状况，设备维护保养的要求主要有：

1．台虎钳内外整洁，各滑动面、丝杠、螺母、弹簧等处无油污，台虎钳周围的切屑、杂物、脏物要清扫干净。

2．对台虎钳的配合表面以及丝杠、螺母处加注润滑油，确保这些部位无干摩擦现象，如图1—22所示。

图1—22　加注润滑油

3．台虎钳拆装时做到认真细心，零件有序摆放，杜绝野蛮操作，对台虎钳表面涂油时不可用手直接涂抹，应采用油刷或其他辅助工具，遵守安全操作规程，保证自身和设备的安全，及时消除不安全因素。

第二单元　钳工常用量具的使用

培训目标：

1. 掌握测量的概念，熟悉我国法定的长度单位名称和代号；
2. 掌握游标卡尺的使用方法及读数；
3. 掌握千分尺的使用方法及读数；
4. 掌握万能角度尺的使用方法及读数；
5. 掌握刀口形直尺、角尺的使用方法；
6. 掌握百分表的使用；
7. 掌握塞尺的使用；
8. 掌握钳工常用量具的维护和保养方法。

测量的实质是被测量的参数与一标准量进行比较的过程。因此，在测量的过程中必须有一个精密准确的基准，即单位基准。

现在国际上把光在真空中 1/299 792 458 s 所经过的行程作为量度长度的标准，称为米。表 2—1 列出了目前我国法定的长度单位名称和代号。

表 2—1　　长度计量单位名称和代号

单位名称	符号	与基准单位的换算关系
米	m	
分米	dm	10^{-1} m（0.1 m）
厘米	cm	10^{-2} m（0.01 m）
毫米	mm	10^{-3} m（0.001 m）
微米	μm	10^{-6} m（0.000 001 m）

一、游标卡尺

1. 游标卡尺的结构

游标卡尺是一种中等精度的量具，常用普通游标卡尺结构如图 2—1 所示。通过固定卡脚和活动卡脚的配合可以直接测量出工件的外径、孔径、长度、宽度和孔距等尺寸，利用深度尺还可以测量工件上沟槽的深度或盲孔的深度，如图 2—2 所示。

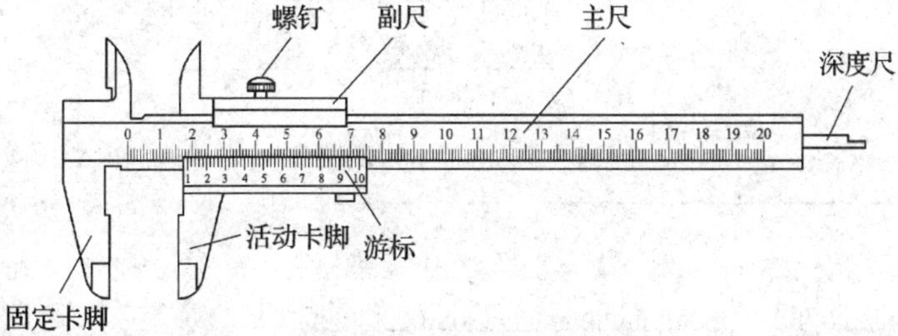

图 2—1　游标卡尺

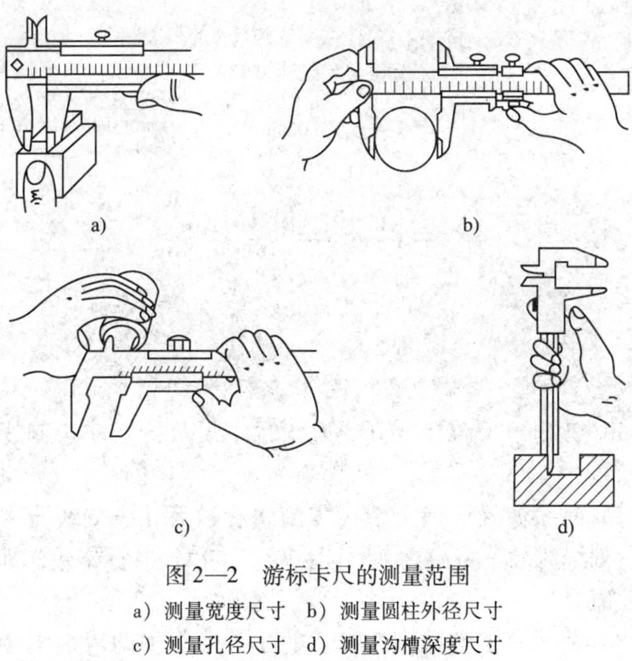

图 2—2　游标卡尺的测量范围

a）测量宽度尺寸　b）测量圆柱外径尺寸

c）测量孔径尺寸　d）测量沟槽深度尺寸

2. 游标卡尺的读数方法

常用游标卡尺的测量精度为0.02 mm，其主尺尺身上每小格为1 mm，游标上每小格的读数精度为0.02 mm，如图2—3所示。

游标卡尺的读数方法如图2—4所示。

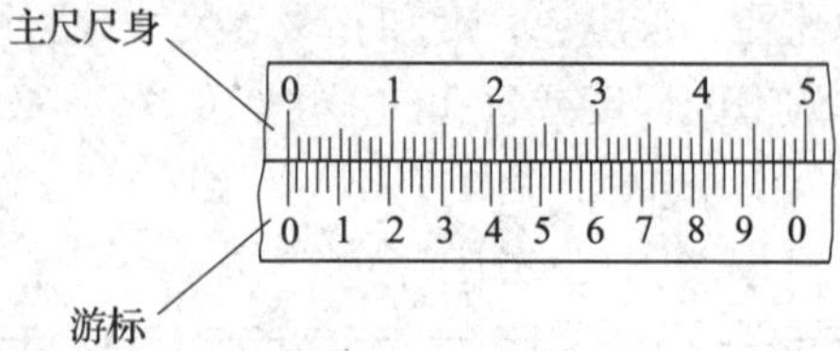

图2—3　游标卡尺的刻线

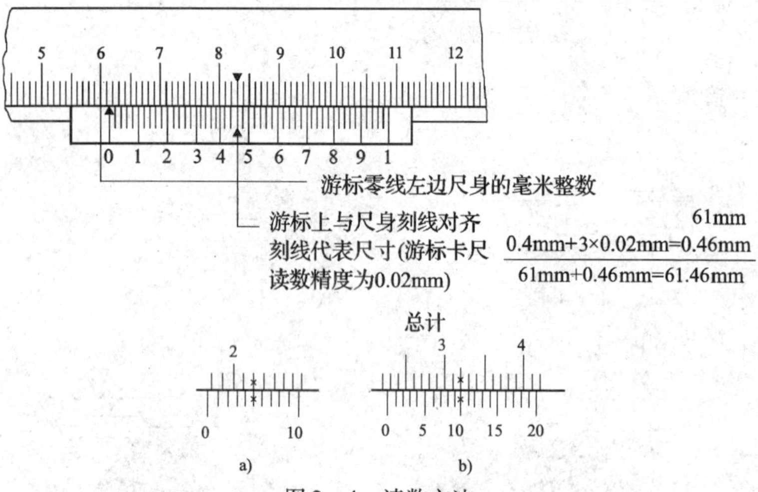

图2—4　读数方法

a）读数精度为0.1 mm，读数为17.5 mm　b）读数精度为0.05 mm，读数为22.5 mm

（1）读出卡尺游标零刻线所指示主尺尺身上左边刻线的整数毫米。

（2）观察游标卡尺上游标零刻线右边第几条刻线与主尺尺身某一刻线对准，将游标卡尺读数精度乘以该游标格数，即为毫米小数值。

（3）将尺身上整数和游标上的小数值相加即得被测工件的

尺寸。

工件尺寸 = 尺身整数 + 游标读数精度 × 游标格数

图 2—4a 的读数值为 17 mm + 5 × 0.1 mm = 17.5 mm；图 2—4b 的读数值为 22 mm + 10 × 0.05 mm = 22.5 mm。

3．游标卡尺的测量方法

（1）测量前先把卡脚和被测量表面擦拭干净，检查游标卡尺各部件的相互作用，如副尺在主尺上是否移动灵活，紧固螺钉能否起到紧固作用等。

（2）校对游标卡尺的准确性，固定卡脚和活动卡脚贴合时，应无明显的光隙，主尺尺身零线与游标零线应对齐。

（3）测量时，应先将两卡脚张开到略大于被测尺寸，再将固定卡脚的测量面紧贴工件，轻轻移动活动卡脚至卡脚接触工件表面为止，如图 2—5a 所示，并找出最小尺寸。测量时，游标卡尺要垂直于被测表面，不可处于歪斜的位置，否则测量结果不正确，如图 2—5b 所示。

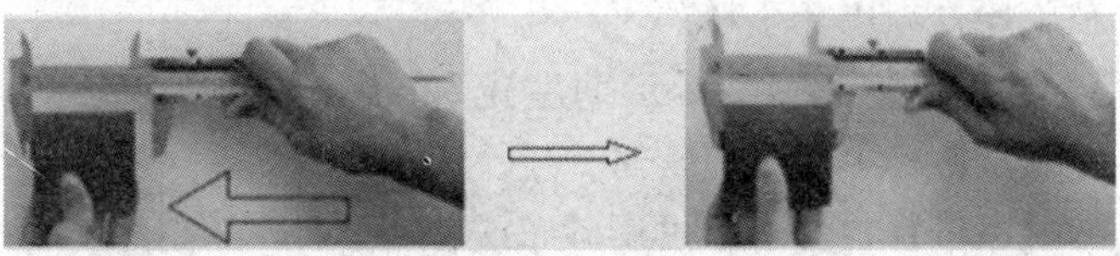

a)

b)

图 2—5　游标卡尺的测量要点

a）正确　b）错误

（4）读数时，目光应垂直尺面。

4．游标卡尺的维护和保养

（1）游标卡尺应避免和工具、刀具放在一起，以免使量具发生不必要的磨损，缩短量具的使用寿命。

（2）不得将游标卡尺的两个量爪当扳手或划线工具使用，不得用游标卡尺代替卡钳、卡板等在被测件上推拉，磨损量爪，影响测量精度。

（3）游标卡尺属于中等精度的量具，应避免使用游标卡尺测量精度要求较高的零件。此外，温度变化过大也会对量具的精度产生一定的影响，因此，应避免将量具放在热源（电炉、暖气片等）附近，以免受热变形。

（4）在机床上测量工件时，应确定工件静止不动时才可使用量具进行测量，否则量具容易产生较大的磨损，同时也会危害到操作者的人身安全。

（5）测量完毕后，应将游标卡尺平放，特别是大尺寸卡尺，否则易引起尺身弯曲变形。带深度尺的游标卡尺，用完后应将量爪合拢，否则较细的深度尺露在外边容易变形，甚至折断。

（6）游标卡尺用完后，应及时擦净、涂油，放在专用盒中，保存在干燥处，以免生锈。

（7）游标卡尺应实行定期鉴定和保养，发现游标卡尺不正常时，应及时送交计量室进行检修，不可用砂布或普通磨料来擦除刻度尺表面及量爪测量面的锈迹和污物。游标卡尺受损后，不允许用锤子、锉刀自行修理，应交专门修理部门修理，并经检定合格后才能使用。

5. 其他游标卡尺

如图2—6 所示为游标深度尺，主要用于测量孔、槽的深度以及台阶的高度。

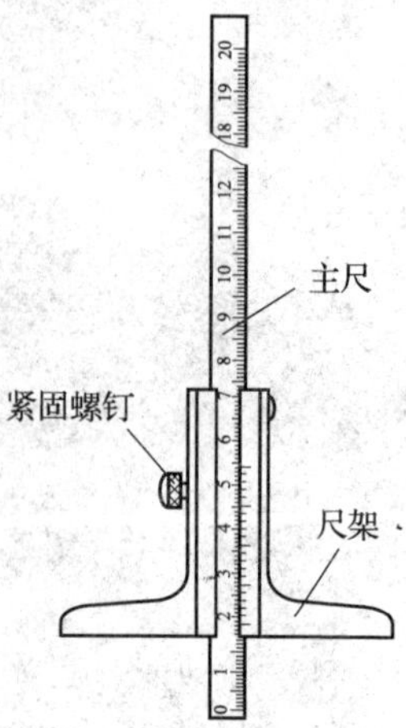

图2—6　游标深度尺

为了减少测量视值误差，还有将百分表或数显装置装在游标卡尺上，形成数显游标卡尺（图 2—7）或带表游标卡尺（图 2—8），这两种游标卡尺读数时产生的视值误差比普通游标卡尺小得多，测量时更容易保证零件的尺寸精度。

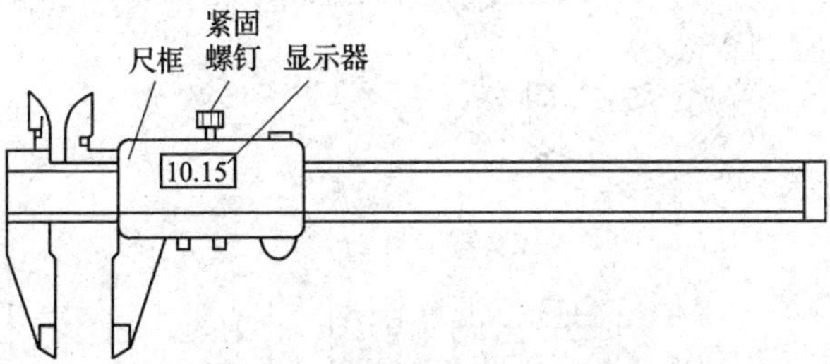

图 2—7　数显游标卡尺

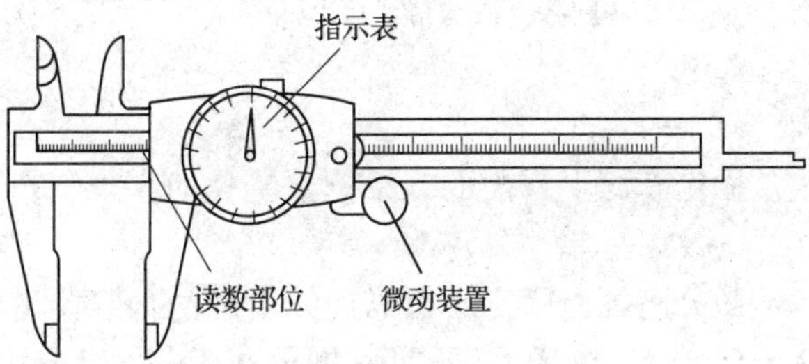

图 2—8　带表游标卡尺

二、千分尺

千分尺是一种精密量具，它的测量精度比游标卡尺高，测量面积小，而且比较灵敏。因此，对于加工精度要求较高的工件尺寸，可采用千分尺测量。

1．千分尺的结构

千分尺的结构如图 2—9 所示。通过旋转活动套筒可以使测量螺杆左右移动，活动套筒旋转一圈，测量螺杆移动 0.5 mm。活动套筒圆周上刻有刻度线，每一小格代表读数精度为 0.01 mm。固定套筒上刻有整数格刻线，每一小格代表 1 mm。为了便于准确读数，固定套筒上还刻有半数格，可以方便地读出半毫米数，如图 2—10 所示。

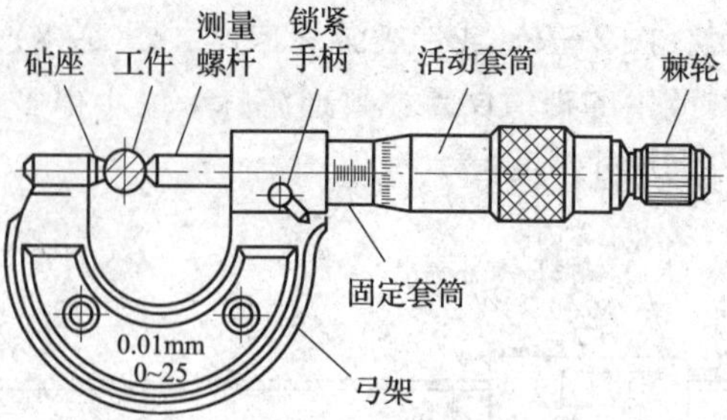

图 2—9　千分尺

千分尺的规格按测量范围分，有 0 ~ 25 mm、25 ~ 50 mm、50 ~ 75 mm、75 ~ 100 mm、100 ~ 125 mm等。使用时可按被测工件的尺寸进行选用。

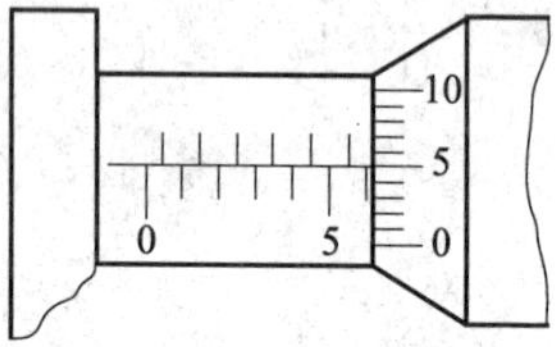

图 2—10　千分尺的读数

2. *读数方法*

（1）从固定套筒上露出的刻线读出工件的毫米整数和半毫米数。

（2）从微分筒上由固定套筒纵向线对准的刻线读出工件的小数部分（百分之几毫米），不足一格数（千分之几毫米），可用估算读法确定。

（3）将两次读数相加就是工件的测量尺寸。

图 2—11 所示为千分尺读数实例。

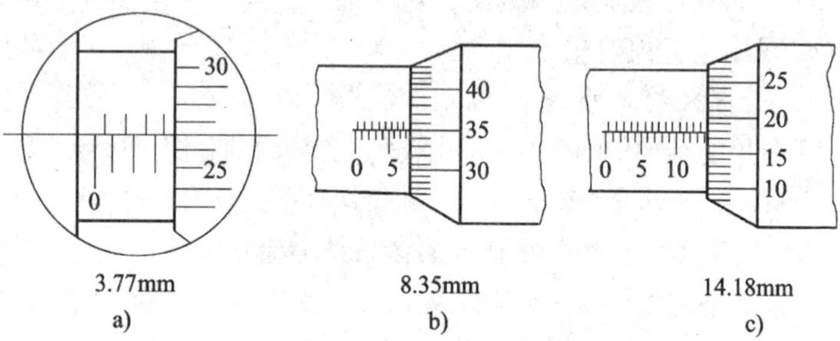

图 2—11　千分尺读数实例

3. 千分尺的测量方法

（1）测量前应检查零位的准确性，0 ~ 25 mm 规格的千分尺直接检查零位准确性，其余规格的千分尺采用量规检查零位准确性，如图 2—12 所示。

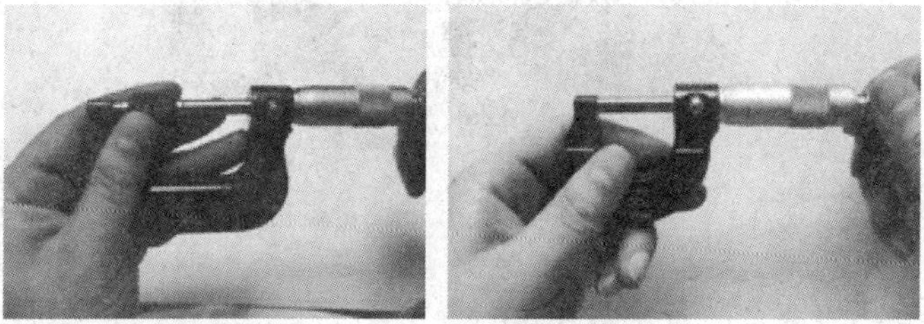

图 2—12　千分尺检查零位准确性

（2）测量时，千分尺的测量面和工件的被测量表面应擦拭干净，以保证测量正确。

（3）可单手或双手握持千分尺对工件进行测量，如图 2—13 所示。单手测量时旋转力要适当，控制好测量力。双手测量时，先转动微分筒，当测量面刚接触工件表面时再改用棘轮。

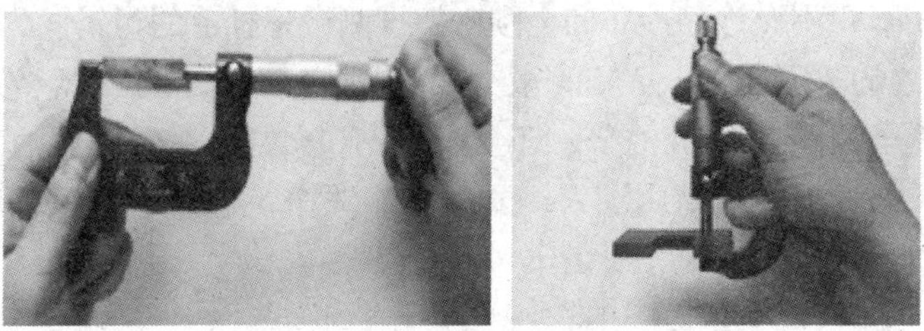

图 2—13　千分尺的测量方法

（4）测量平面尺寸时，一般测量工件四角和中间五点；测量狭长平面则测两头和中间三点，如图 2—14 所示。

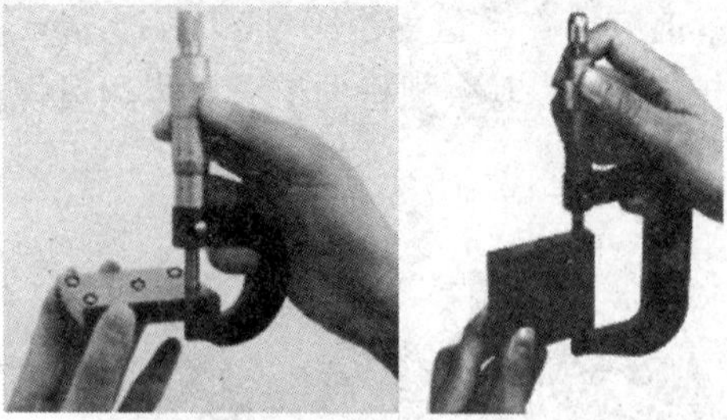

图 2—14　千分尺的测量点选择

4. 千分尺的维护和保养

（1）不能用千分尺测量零件的粗糙表面，也不能用千分尺测量正在旋转的零件。

（2）千分尺要轻拿轻放，不要摔碰。如受到撞击，应立即进行检查，必要时送计量部门检修。

（3）千分尺应保持清洁。测量完毕，用纯棉布擦拭干净，放入盒中。长期不用时应涂防锈油。要注意勿使两个测量面贴合在一起，以免锈蚀。

（4）大型千分尺应平放在盒中，以免变形。

（5）不允许用砂布和金刚砂擦拭测微螺杆上的污锈。

（6）不能在千分尺的微分筒和固定套管之间加酒精、煤油、柴油和普通机油等；不允许把千分尺浸泡在上述油、液中。如发现上述物质浸入，要用汽油洗净，再涂以特种轻质润滑油。

5. 其他千分尺

除了用来测量外径尺寸的普通千分尺以外，还有一些专用千分尺，它们的结构与使用范围如图 2—15 所示。

三、刀口形直尺、角尺的使用

刀口形直尺、角尺的结构如图 2—16 所示，是用来检测零件的直线度、平面度和垂直度的量具，在生产和计量中应用很广泛。

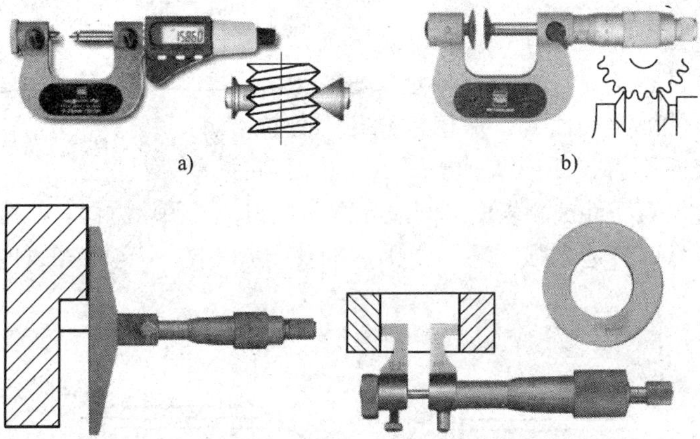

a) b) c) d)

图 2—15　其他千分尺

a）数显螺纹千分尺　b）公法线千分尺（用于测量齿轮公法线长度）

c）深度千分尺　d）内径千分尺

1. 何谓直线度

直线度是限制被测实际直线对理想直线变动量的一项指标，如图 2—17 所示。

直线度的标注方式如图 2—18 所示。

图中：箭头指向被测要素，即零件上表面内的直线；

方框一中“—”表示测量项目为直线度；

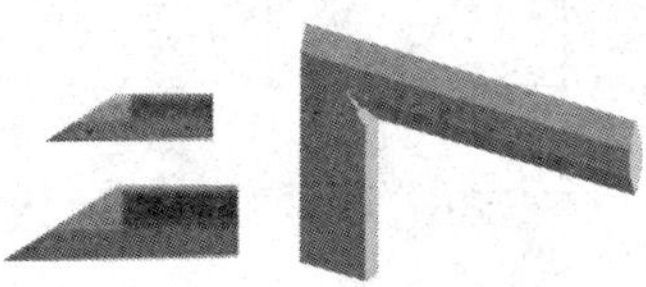

图 2—16　刀口形直尺、角尺

a）刀口形直尺　b）刀口形角尺

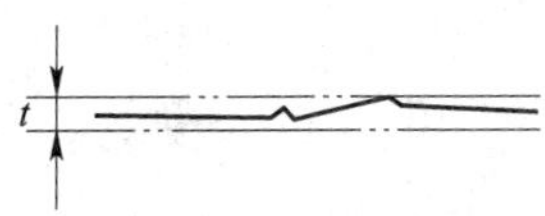

图 2—17　直线度

方框二中为直线度公差，表示零件上表面的直线度允许误差不大于 0.1 mm。

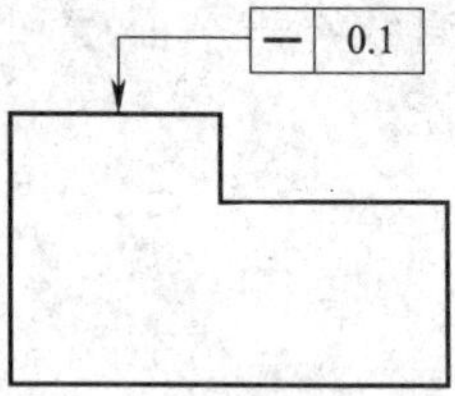

图 2—18　直线度标注

直线度测量时，应面对光源（最好选用自然光源）将刀口形直尺垂直放置于工件被测表面上，保持视线与工件被测表面平行，如图 2—19 所示。若刀口形直尺与工件被测表面之间透光微弱均匀，说明该方向直线度精度较好；若透光强弱不一，则说明该方向存在一定的直线度误差。

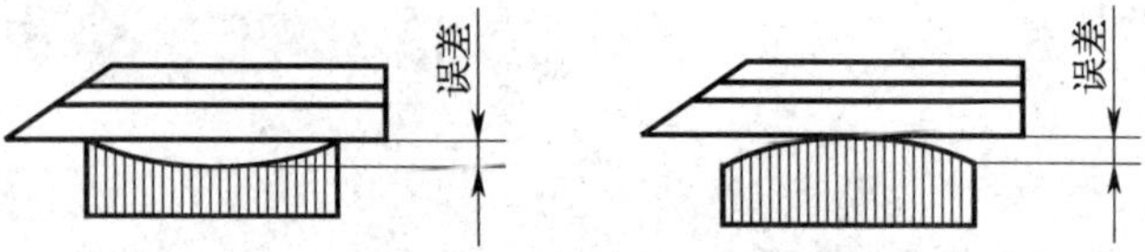

图 2—19　刀口形直尺测量直线度

2. 何谓平面度

平面度是限制被测实际平面对其理想平面变动量的一项指标，用于对实际平面的形状精度提出要求，如图 2—20 所示。平面度的标注方式如图 2—21 所示。

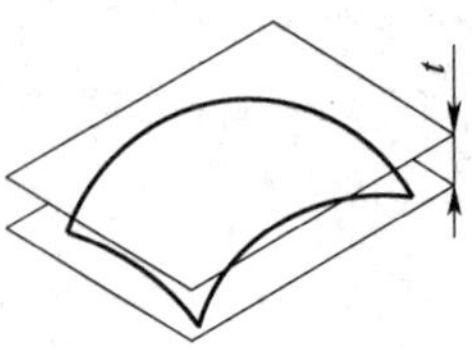

图 2—20　平面度

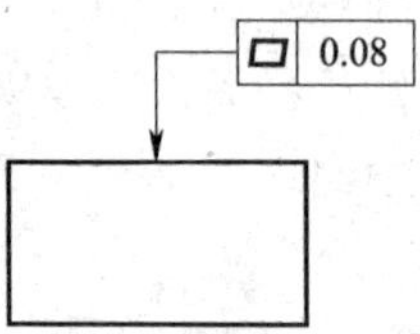

图 2—21　平面度标注方法

图中：箭头指向被测要素，即零件的上表面；

方框一中“▱”表示测量项目为平面度；

方框二中为平面度公差0.08 mm，即零件上表面的平面度允许误差不大于0.08 mm。

在钳工操作时，对零件平面度进行简易测量的方法可参照直线度测量方法，只是选择的测量点应比直线度测量时多，如图2—22所示。

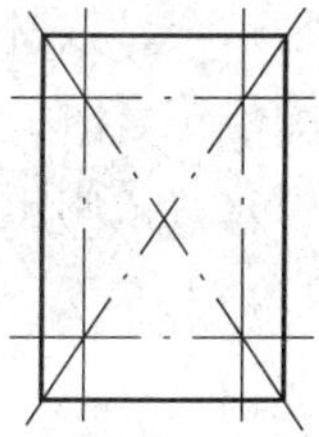

图2—22　平面度测量点

3. 何谓垂直度

垂直度是限制被测实际要素相对基准在垂直方向上的变动量的一项指标，如图2—23所示。垂直度的标注如图2—24所示。

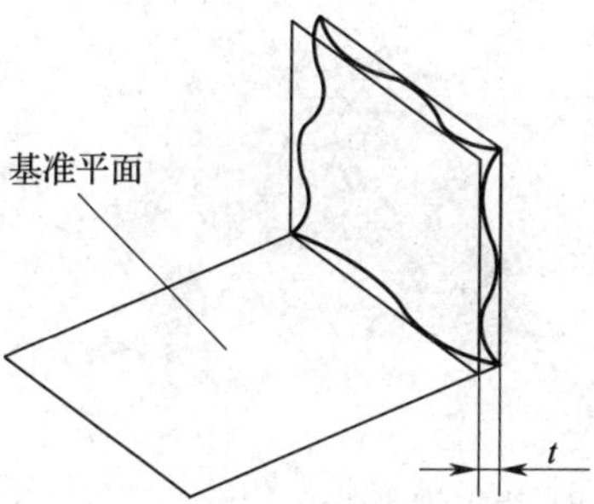

图2—23　垂直度

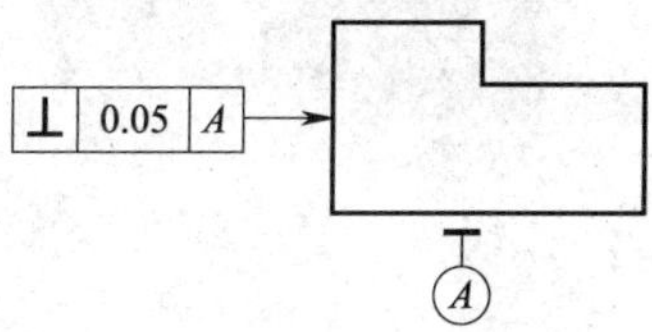

图2—24　垂直度标注

图中：箭头指向被测要素，即零件左端面；

“⊥”表示测量项目为垂直度；

字母 *A* 表示基准要素，对应  符号指示平面，即零件底平面；

垂直度公差为0.05 mm，即零件左侧平面相对零件底平面的垂直度允许误差不大于0.05 mm。

垂直度误差的测量方法如图2—25所示。测量前，应将量具表面和工件被测表面擦拭干净，确保刀口角尺的基准面与工件基准面紧密贴合，以避免产生附加误差。刀口形角尺在被检查表面上改变测量位置时，不允许在平面上拖动，应提起后再轻放到另一检查位置，否则角尺的测量棱边容易产生局部磨损而降低测量精度。

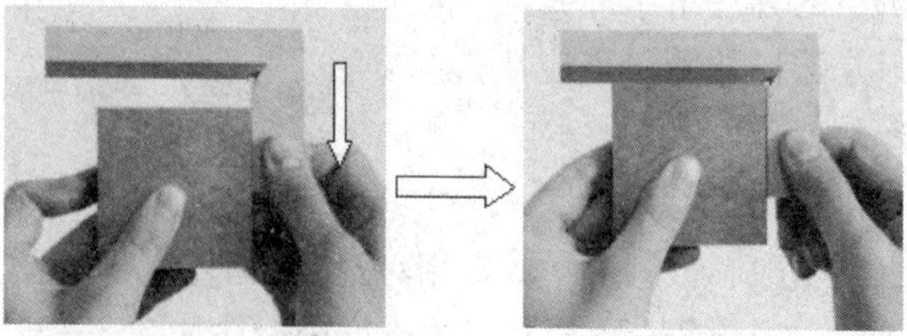

a)

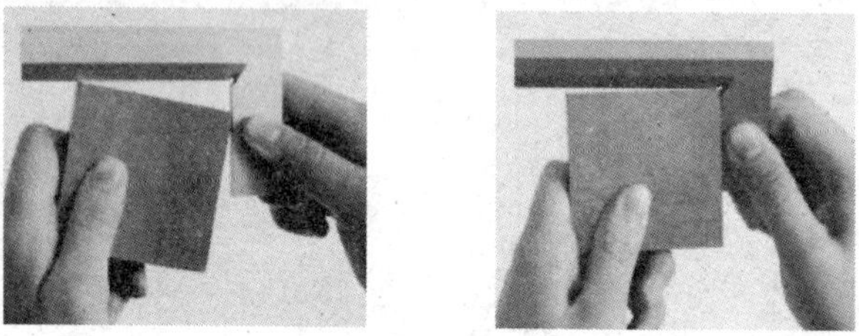

b)

图 2—25 垂直度的测量

a）正确 b）错误

四、R 规

R 规主要是用来测量圆度的量具，其构造如图 2—26 所示。

图 2—26 R 规

所谓圆度是指限制被测实际圆对其理想圆变动量的一项指标。即在同一正截面上的圆轮廓允许在半径差为偏差值 t 的两同心圆之间的区域内变动。圆度的标注方法如图 2—27 所示。

图中：箭头指向被测要素，即给定圆；

“○”表示测量项目为圆度；

圆度公差为 0.08 mm，即回转体表面任一正截面的圆轮廓允许在半径差在 0.08 mm 内的两同心圆之间变动。

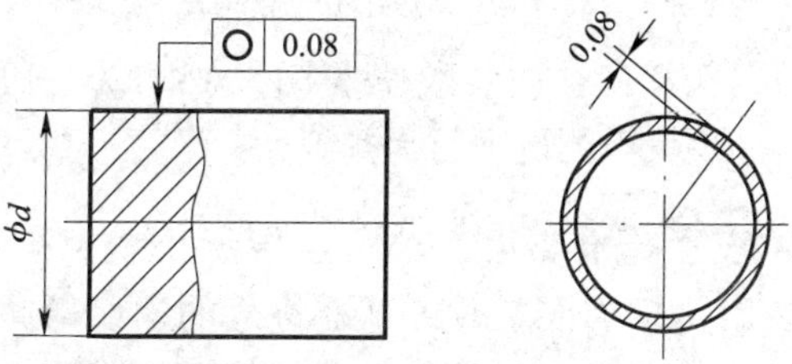

图 2—27　圆度公差带

五、万能角度尺

万能角度尺是用来测量零件倾斜度的量具。常用的测量精度为 2′，测量范围是 0°～320°。其结构如图 2—28 所示。

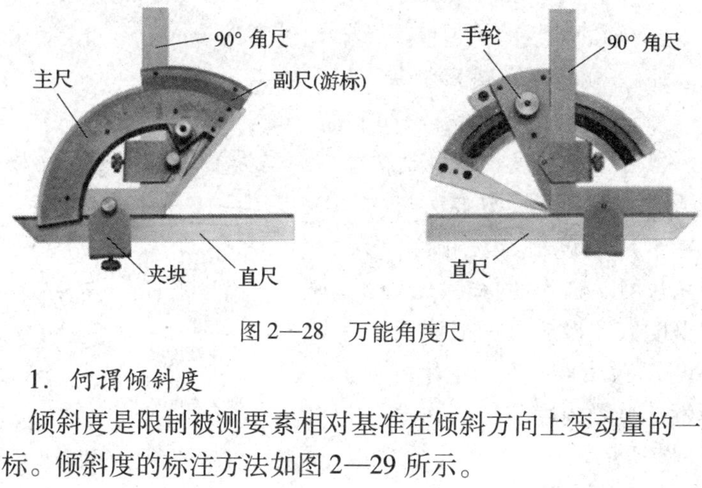

图 2—28　万能角度尺

1. 何谓倾斜度

倾斜度是限制被测要素相对基准在倾斜方向上变动量的一项指标。倾斜度的标注方法如图 2—29 所示。

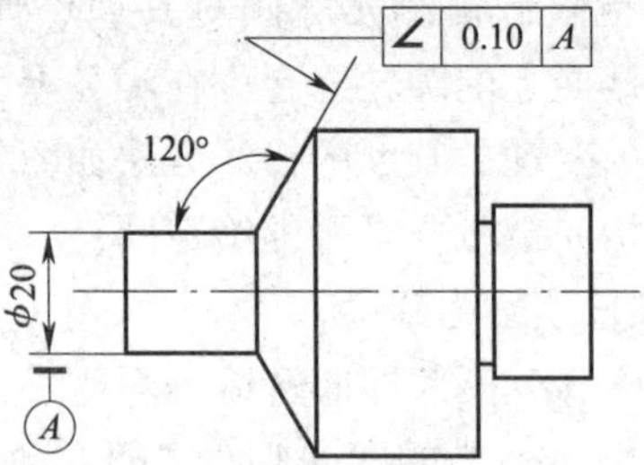

图 2—29　倾斜度的标注方法

图中：箭头指向被测要素，即零件中部 120°斜面；

符号“∠”表示测量项目为倾斜度；

字母 A 表示基准要素，对应 Ⓐ⊥ 指示位置。这里要注意的是：基准要素是轮廓要素时，基准符号的连线指向该要素轮廓线或其延长线上，并应明显与尺寸线错开。如图 2—24 所示垂直度基准要素标注。如果基准要素是中心要素，基准符号的连线应与确定该要素的轮廓尺寸线对齐。如图 2—29 中基准要素为零件左端 ϕ20 mm 轴的轴线；

倾斜度公差≤0. 10 mm，即零件中部 120°斜面相对零件左端 ϕ20 mm 轴的轴线的倾斜度误差不大于 0. 10 mm。

2. *万能角度尺测量方法*

万能角度尺的测量方法如下：

（1）万能角度尺主尺刻度每一小格为 1°，游标每一小格读数精度为 2′，其读数方法与游标卡尺的读数方法相似，先从尺身上读出游标零线前的整度数，再从游标上读出角度“′”的数值，两者相加就是被测角度数值，如图 2—30 所示。

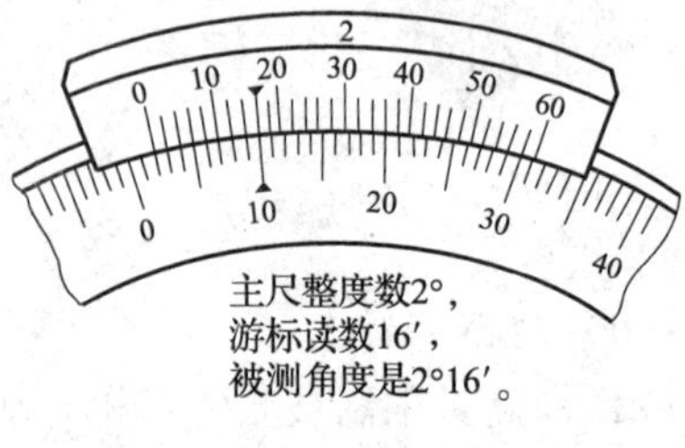

图 2—30　万能角度尺的读数

（2）由于万能角度尺存在刻线误差，在测量前应首先检测万能角度尺的刻线精度，如图 2—31 所示。检测时，可利用刀口形角尺作为 90°样板，检测万能角度尺的 90°角度误差，并记录下误差大小。

（3）根据所需测量的角度，调整万能角度尺，如图 2—32 所示。角度调整时，需把量具的刻线误差考虑在内。

图 2—31　检测万能角度尺的刻线精度

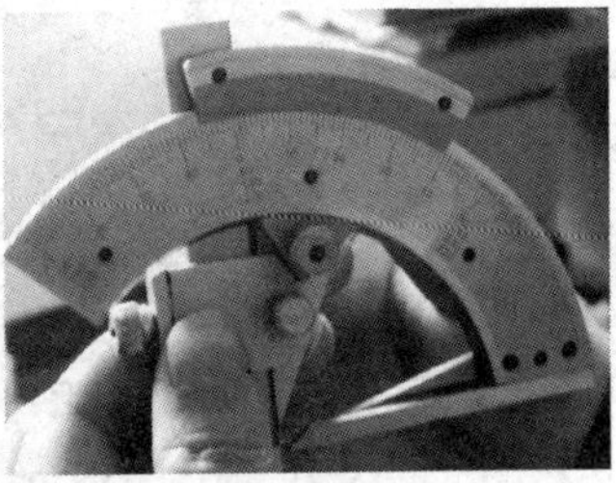

图 2—32　调整量具角度

（4）测量零件如图 2—33 所示。测量时应注意将万能角度尺垂直于零件被测量表面上，如有倾斜，将直接影响零件的测量精度，如图 2—34 所示。

图 2—33　测量零件

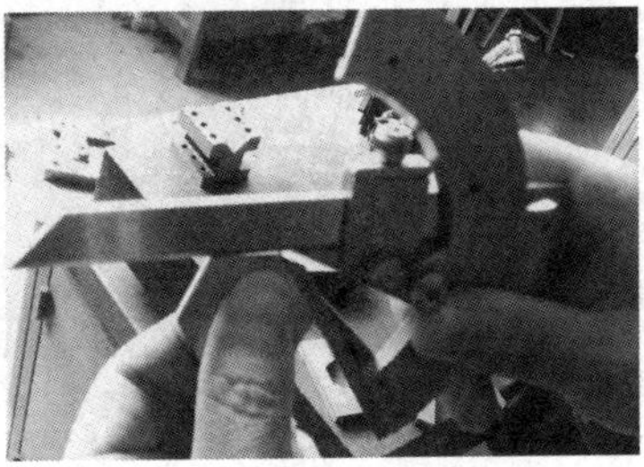

图 2—34　万能角度尺的错误测量

3．万能角度尺的测量范围

使用万能角度尺时，通过 90°角尺和直尺之间的组合搭配，可以测量 0°～320°的任何角度，如图 2—35 所示。

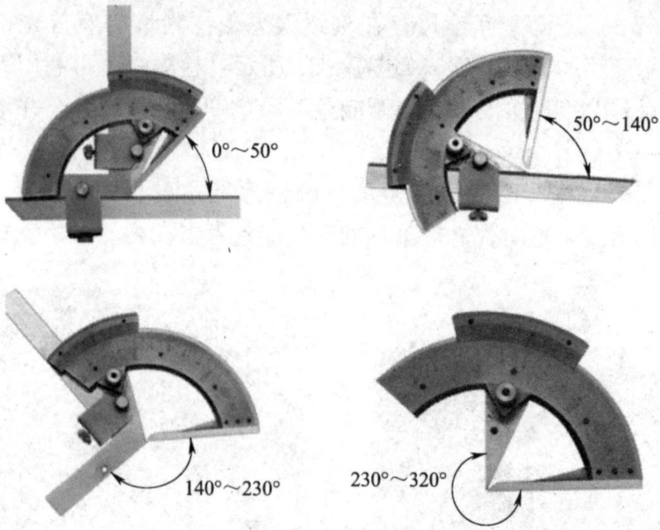

图 2—35　万能角度尺的测量范围

六、百分表

如图 2—36 所示为普通百分表。百分表常用来检验机床精度以及测量工件的尺寸、形状和位置误差，如图 2—37 所示。尤其在对称零件的加工中，可利用百分表测量零件的对称度精度。

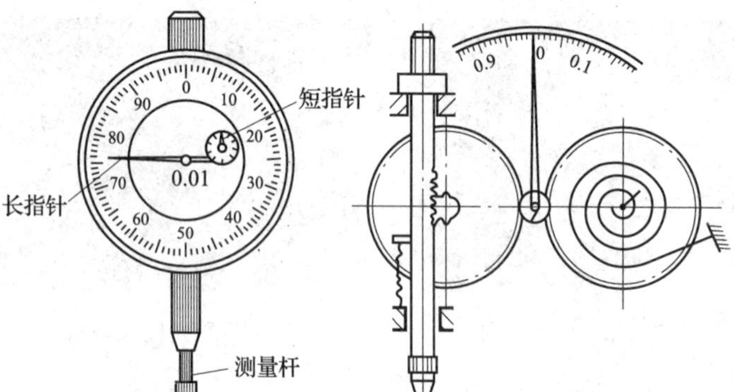

图 2—36　普通百分表

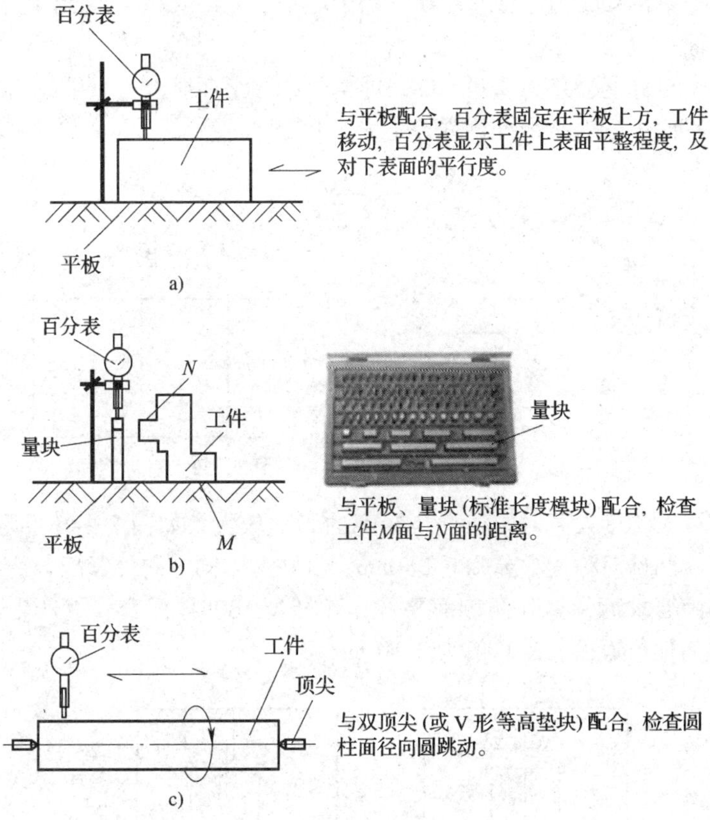

图 2—37　百分表的应用

a）测量平行度　b）测量距离尺寸　c）测量径向圆跳动

1. 何谓对称度

对称度的被测要素和基准要素为零件中心平面或轴线。表示被测中心平面或轴线允许在距离为偏差值 t 且相对基准要素对称配置的两平行平面之间的区域内变动，如图 2—38 所示。对称度标注如图 2—39 所示。

图中：箭头指向被测要素，即零件右端凹槽中心平面；

“⌯”表示测量项目为对称度；

基准要素为零件左端尺寸的中心平面，即上、下平面的中心平面；

对称度公差为0. 08 mm，即槽的中心平面对上、下平面的中心平面 *A* 的对称度允许误差不大于0. 08 mm。

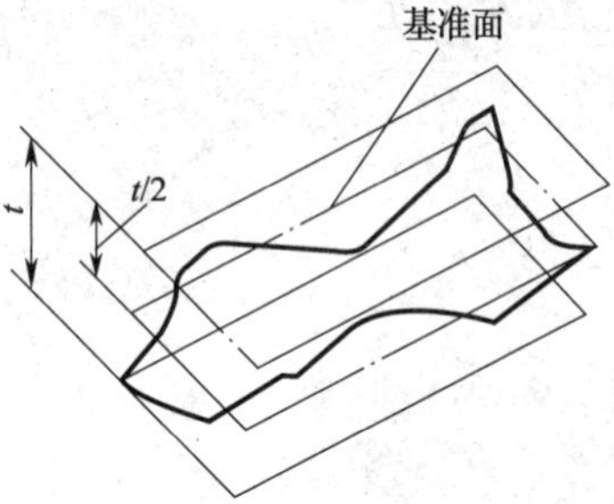

图 2—38　对称度

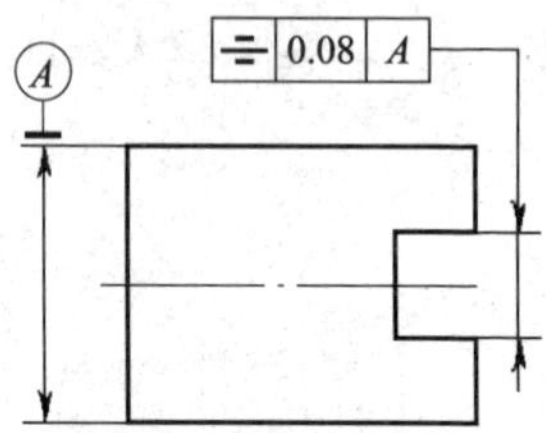

图 2—39　对称度的标注

对称度误差对转位互换精度的影响较大，如图 2—40 所示，凹、凸件对称度误差为0. 05 mm，且在一个同方向位置配合达到间隙要求后，得到两侧面平齐，而转位 180°作配合，就产生两基面偏位误差，其总值为0. 10 mm。

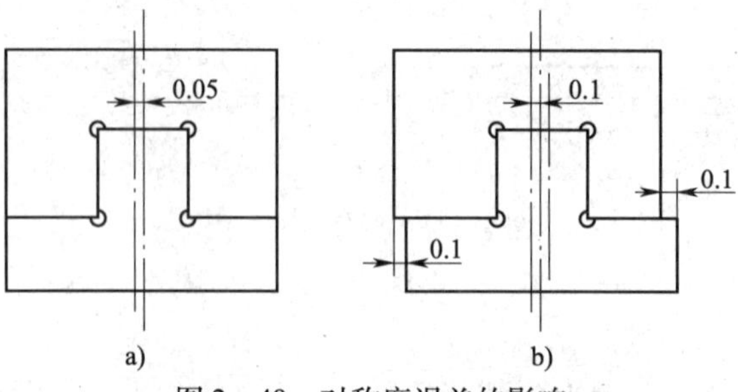

图 2—40　对称度误差的影响

a）同方向位置配合　b）转位后的配合

2. 对称度的测量

在实际的测量过程中，常采用间接测量法。以图 2—41 所示零件为例，分别以零件的 *A*、*B* 面作为测量基准，测量零件 T 形凸台表面，并记录读数，两个读数值的代数差的一半即为该零件

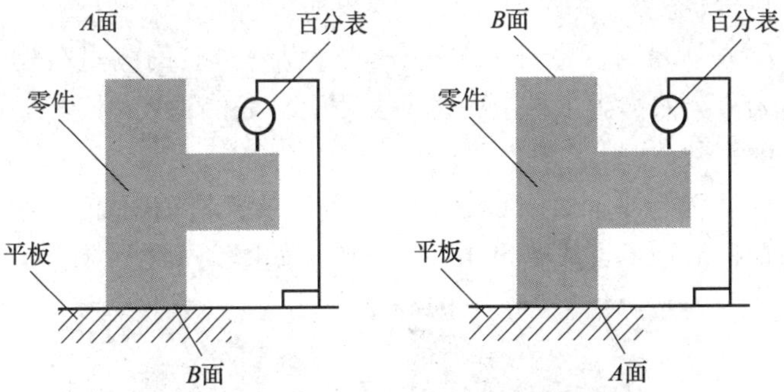

图 2—41　对称度的测量

T 形凸台相对零件中心平面的对称度误差值。

3. 百分表的使用要求

百分表通常装在表架上配合使用，如图 2—42 所示。测量时，百分表表盘刻度每一小格精度为 0.01 mm，即测量杆移动 0.01 mm，长指针旋转一格。

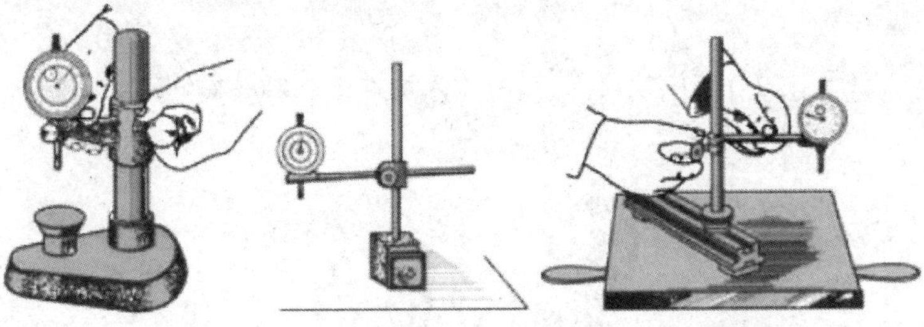

图 2—42　百分表的使用

a）万能表架　b）磁性表架　c）普通表架

百分表测量时应注意以下事项：

（1）使用前，应检查测量杆活动的灵活性。轻轻推动测量杆时，测量杆在套筒内的移动要灵活，没有轧卡现象，每次手松开后，指针能回到原来的刻度位置。

（2）使用时，必须把百分表固定在可靠的夹持架上。切不可贪图省事，随便夹在不稳固的地方，造成测量结果不准确，或摔坏百分表。

（3）测量时，不要使测量杆的行程超过它的测量范围，不要使表头突然撞到工件上，也不要用百分表测量表面有显著凹凸不平的零件。

（4）测量平面时，百分表的测量杆要与平面垂直，否则将使测量杆活动不灵或测量结果不准确，如图 2—43 所示。

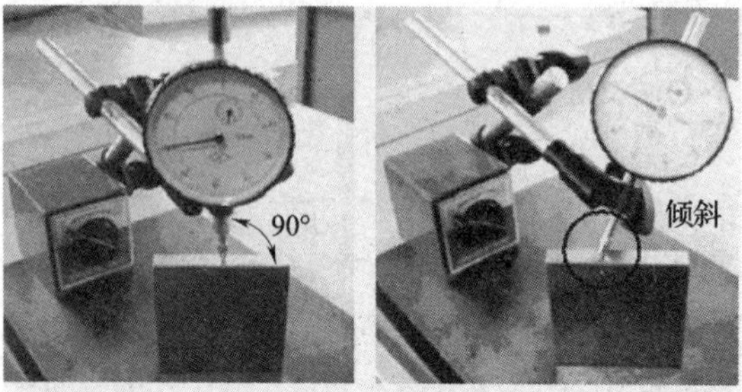

a)　　b)

图 2—43　百分表测量

a）正确　b）错误

（5）为方便读数，在测量前让大指针指到刻度盘的零位。

4．其他百分表（见图 2—44）

a)　　b)　　c)

图 2—44　其他百分表

a）杠杆百分表　b）内径百分表　c）数显百分表

七、塞尺

塞尺是用来检验两个贴合面之间间隙大小的片状定值量具。它有两个平行的测量平面，其长度制成 50、100 和 200 mm。厚度为 0.03 ~ 0.1 mm 时，中间每片相隔 0.01 mm，厚度为 0.1 ~ 1 mm时，中间每片相隔0.05 mm。每套塞尺由若干片组成，它也是一种极限量规，如图 2—45 所示。

图 2—45　塞尺

1. 何谓间隙

例如孔的尺寸减去相配合的轴的尺寸，所得差值为正时，这就存在间隙，如图 2—46 所示。

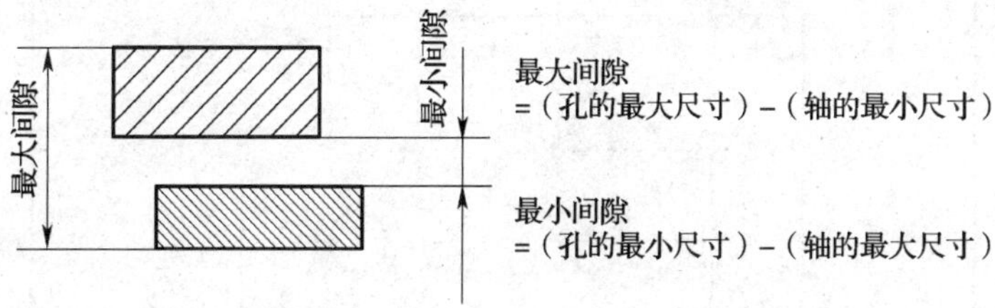

图 2—46　间隙

2. 塞尺的使用要求

（1）测量时，根据间隙的大小选用一片或数片塞尺重叠在一起插入间隙内，判断间隙是否符合要求，如图 2—47 所示。

（2）由于塞尺很薄，容易弯曲和折断，所以测量时不能用力太大。

（3）不能用塞尺测量温度较高的工件，以免塞尺受热卷曲变形。

（4）塞尺用完后要擦拭干净，及时合到夹板中去。

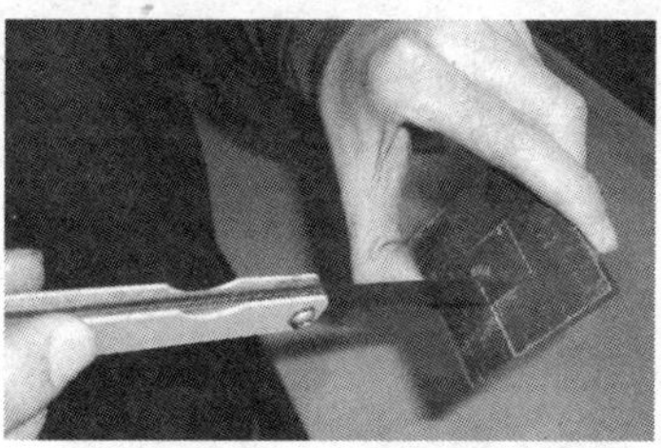

图 2—47　使用塞尺测量配合件间隙

技能训练

一、单燕尾零件测量

1．训练内容

根据图2—48所示零件，测量相关尺寸，并做好记录。图2—49所示为单燕尾零件立体图。

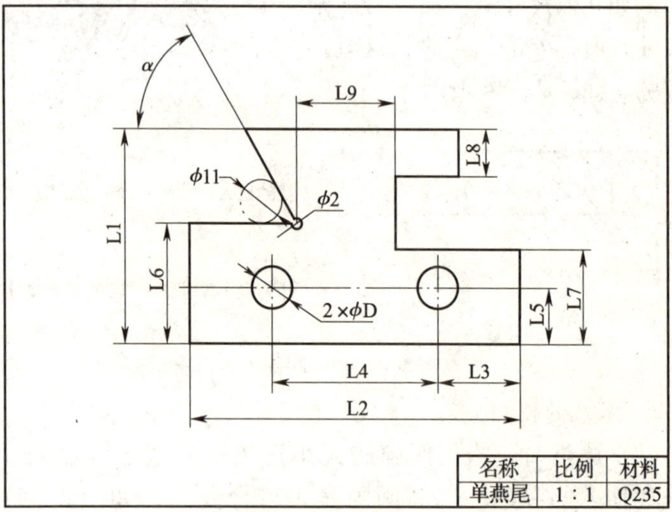

图2—48　单燕尾零件测量

(1) 使用游标卡尺测量图中2×φD孔径尺寸。

(2) 使用千分尺测量图中L6、L7、L8、L9尺寸。

(3) 使用游标卡尺测量图中L1、L2、L3、L4、L5尺寸。

(4) 使用万能角度尺测量图中α角度。

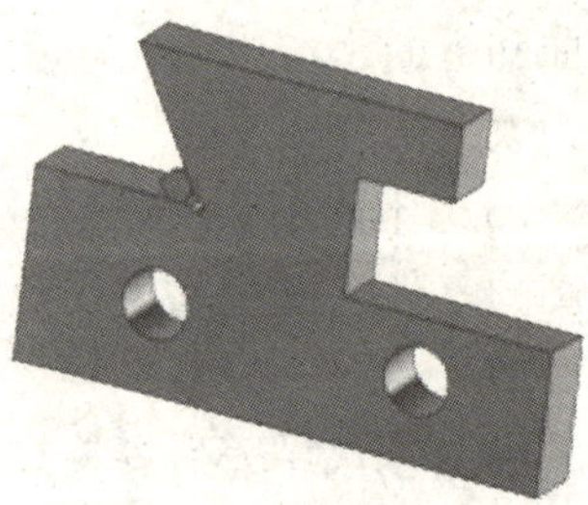

图2—49　单燕尾零件

2. 技能测评

将测量结果填写在表2—2中。

表2—2　　单燕尾零件测量评分标准

项次	检测项目	配分	检测记录	分数
1	量具的使用方法正确	15分		
2	安全文明操作	10分		
3	图样尺寸 $2\times\phi D$	10分		
4	图样尺寸L1	5分		
5	图样尺寸L2	5分		
6	图样尺寸L3	5分		
7	图样尺寸L4	10分		
8	图样尺寸L5	5分		
9	图样尺寸L6	5分		
10	图样尺寸L7	5分		
11	图样尺寸L8	5分		
12	图样尺寸L9	10分		
13	角度 α	10分		

二、T形配合测量

1. 训练内容

根据图2—50所示零件，测量相关尺寸，并做好记录。图2—51为T形零件立体图。

(1) 将测量的工件去毛倒棱，各测量面擦拭干净。

(2) 利用千分尺测量如图2—52a所示L1、L2、L3、L4尺寸，并判断是否符合图样上的公差要求。

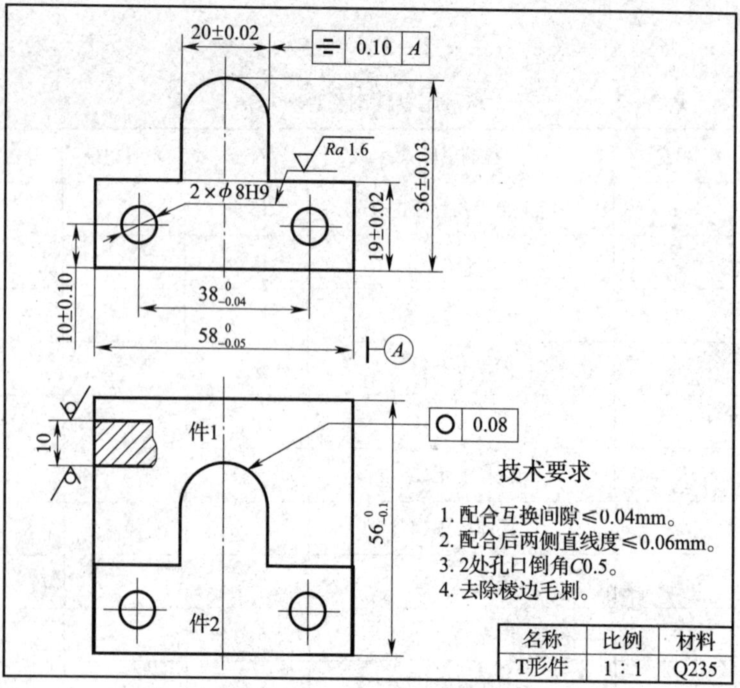

图 2—50　T 形零件测量

图 2—51　T 形零件

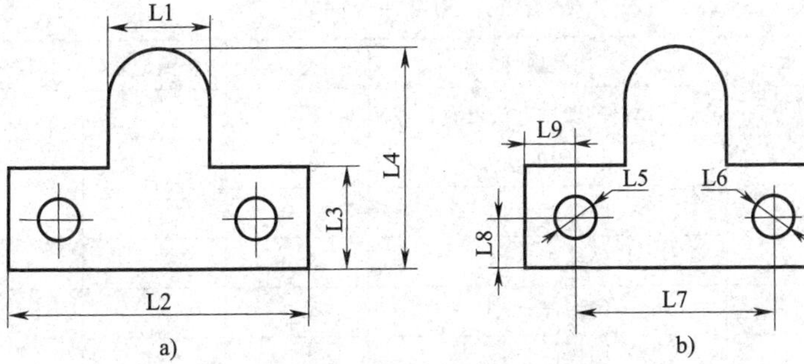

图 2—52

（3）利用游标卡尺测量如图 2—52b 所示 L5、L6、L7、L8、L9 尺寸，并判断是否符合图样上的公差要求。

（4）利用百分表测量工件的对称度，并判断是否符合图样上的公差要求。

（5）利用刀口形角尺测量如图 2—53 所示的配合直线度 0.06 mm，注意含互换一次，并判断是否符合图样上的公差要求。

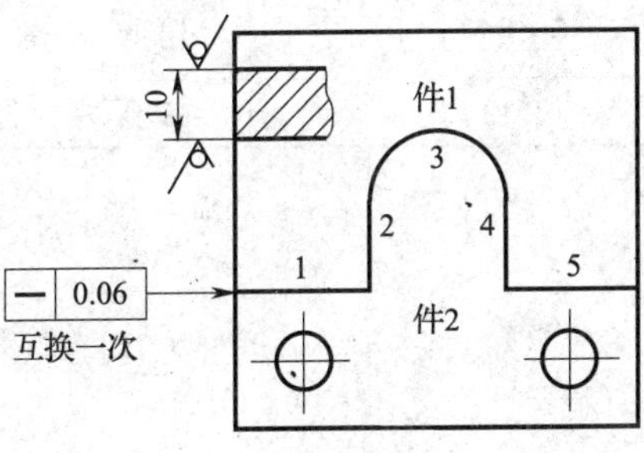

图 2—53

（6）利用塞尺测量如图 2—53 所示的 5 处间隙，注意含互换一次，并判断是否符合图样上的公差要求。

（7）利用 R 规测量圆度。

2．技能测评

将测量结果填写在表 2—3 中。

表 2—3　　　　　　　T 形配合测量评分标准

项次	检测项目	配分	检测记录	分数
1	量具的使用方法正确	5 分		
2	安全文明操作	5 分		
3	图样尺寸 L1	5 分		
4	图样尺寸 L2	5 分		
5	图样尺寸 L3	5 分		
6	图样尺寸 L4	5 分		
7	图样尺寸 L5、L6（2 处）	10 分		
8	孔尺寸 L7	5 分		
9	孔尺寸 L8（2 处）	10 分		
10	孔尺寸 L9（2 处）	10 分		
11	○ | 0.08	5 分		
12	— | 0.06（2 处）	10 分		
13	⌯ | 0.10 | *A*	10 分		
14	间隙 10 处	10 分		

第三单元　机械基础知识

模块一　认识金属材料

培训目标：

1. 掌握常用材料的性能及特点；
2. 了解钢的普通热处理方法。

一、金属材料的性能

金属材料是现代机械制造业的基本材料，它具有许多优良性能，因而获得了广泛的应用。金属材料的性能包含使用性能和工艺性能两方面。使用性能是指金属材料在使用条件下所表现出来的性能。它包括物理性能、化学性能、力学性能等。工艺性能是指金属在制造加工过程中反映出来的各种性能。只有了解金属材料的性能，我们才能正确选用材料，进行合理加工。

1. 金属的力学性能

金属的力学性能就是金属在外力作用下表现出来的性能，如变形、断裂等。金属受到外力作用发生变形，在外力消失后又恢复原状，这种变形叫做弹性变形。弹簧就是最常见的弹性元件。如果外力消失后金属变形不恢复，但也没有发生断裂，这种变形就是塑性变形。如果再增加外力，金属就会发生断裂。为了表达金属的这些力学性能，我们引入了以下力学性能指标。

（1）强度。金属在静载荷作用下，抵抗塑性变形或断裂的能力称为强度。强度可分为屈服强度和抗拉强度，常用应力

（即单位截面的受力大小）来表示。屈服强度指材料开始发生塑性变形时的应力，新国标用符号 R_{eL} 表示（旧国标符号为 σ_s）；抗拉强度指材料开始发生断裂时的应力，新国标用 R_m 表示（旧国标符号为 σ_b）。

（2）塑性。断裂前金属材料产生永久变形的能力称为塑性。试样发生塑性变形时，可以发现其长度伸长而横截面缩小，故常用伸长率和断面收缩率来表示。试样被拉断后，试样伸长量和原长之比即伸长率，新国标用符号 A 表示（旧国标符号是 δ）；发生缩颈的横截面缩减量与原始横截面之比称为断面收缩率，新国标用符号 Z 表示（旧国标符号为 φ）。

（3）硬度。材料抵抗局部变形，特别是塑性变形、压痕或划痕的能力称为硬度。

硬度是各种零件和工具必须具备的性能指标。机械制造所用的刀具、量具、模具等，都应具备足够的硬度，才能保证使用性能和使用寿命。有些机械零件如齿轮等，也要求有一定的硬度，以保证足够的耐磨性和使用寿命。

根据不同的试验方法，最常用的硬度值有布氏硬度（HBS、HBW）、洛氏硬度（HR）和维氏（HV）硬度三种。

（4）冲击韧性。许多机械零件在工作中往往要受到冲击载荷的作用，如活塞销、锤杆、冲模和锻模等。制造这类零件所用的材料，其性能指标不能单纯用静载荷作用下的指标衡量，而必须考虑材料抵抗冲击载荷的能力。金属材料抵抗冲击载荷作用而不破坏的能力称为冲击韧性。

2. 金属的工艺性能

工艺性能是指金属材料对不同加工工艺方法的适应能力，它包括铸造性能、锻造性能、焊接性能和切削加工性能等。

（1）铸造性能指金属及合金在铸造工艺中获得优良铸件的能力。

（2）锻造性能指用锻压成型方法获得优良锻件的难易程度。

（3）焊接性能是指金属材料对焊接加工的适应性。

（4）切削加工性能指切削加工金属材料的难易程度。

二、碳素钢

含碳量大于0.021 8%、小于2.11%，且不含有特意加入的合金元素的铁碳合金，称为碳素钢，简称碳钢。碳素钢分为碳素结构钢、优质碳素结构钢和碳素工具钢。

1. 碳素结构钢

碳素结构钢通常轧制成钢板和各种型材，用于厂房、桥梁、船舶等建筑结构或一些受力不大的机械零件。碳素结构钢的牌号由代表屈服强度的汉语拼音“Q”、屈服强度数值、质量等级符号和脱氧方法符号四个部分组成。质量等级符号用字母A、B、C、D表示，其中A级的硫、磷含量最高，D级的硫、磷含量最低。脱氧方法符号用F、b、Z、TZ表示，F是沸腾钢、b是半镇静钢、Z是镇静钢、TZ是特殊镇静钢。Z与TZ符号在钢号组成表示中予以省略。常用碳素结构钢有Q235、Q215等。

2. 优质碳素结构钢

优质碳素结构钢是按化学成分和力学性能供应的，钢中所含硫、磷及非金属夹杂物量较少。优质碳素结构钢的牌号用两位数字表示，这两位数字表示该钢的平均含碳量的万分数，如45表示平均含碳量为0.45%的优质碳素结构钢。

08～25钢属于低碳钢。它们的强度、硬度较低，塑性、韧性及焊接性良好。主要用于制造冲压件、焊接结构件、强度要求不高的零件及渗碳件，如压力容器、销子等。

30～55钢属于中碳钢。这类钢具有较高的强度和硬度，其塑性和韧性随含碳量的增加而逐步降低，切削性能良好。主要用于制造受力较大的机械零件，如连杆、曲轴等。

60钢以上的牌号属于高碳钢。这类钢具有较高的强度、硬度和弹性。主要用于制造具有较高强度、耐磨性和弹性的零件，如气门弹簧等。

3. 碳素工具钢

碳素工具钢是用于制造刀具、模具和量具的钢。碳的含量均在0.7%以上。碳素工具钢的牌号及用途见表3—1。

表3—1　　碳素工具钢的牌号及用途

牌号	用　　途
T7、T8	受冲击而要求较高硬度和耐磨性的工具，如锤头、钻头等
T9、T10、T11	受中等冲击的工具和耐磨件，如刨刀、冲模、手工锯条等
T12、T13	不受冲击而要求极高硬度的工具，如锉刀、刮刀等

三、合金钢

碳素钢的淬透性差，缺乏良好的综合性能，也缺乏如耐热、耐磨等一些特殊性能。因此，人们在机械制造中还须采用合金钢。所谓合金钢就是在碳钢的基础上，为了改善钢的性能，在冶炼时有目的地加入一种或数种合金元素的钢。我国合金钢牌号采用碳含量、合金元素种类及含量、质量级别等来编号。按合金钢的用途分为合金结构钢、合金工具钢、特殊性能钢三种。

1. 合金结构钢

按用途不同，合金结构钢可分为低合金结构钢和机械制造用钢两类。按照用途和热处理特点机械制造用钢又可分为合金渗碳钢、合金调质钢、合金弹簧钢等。

(1) 低合金结构钢。低合金结构钢是在碳素结构钢的基础上，加入少量的合金元素的工程用钢。表3—2为常见的几种低合金结构钢的牌号及用途。

表3—2　　常用低合金结构钢牌号及用途

牌号	$R_{eL}(\sigma_s)$(MPa)	$A(\delta)$(%)	用　　途
Q295	235～295	≥23	具有优良的韧性、塑性，冲压成型性能良好。适用于制造各种容器、车辆用冲压件等
Q345	275～345	≥21	具有良好的综合力学性能，塑性和焊接性良好。适用于制造桥梁、船舶、厂房结构等结构件

续表

牌号	$R_{eL}(\sigma_s)$(MPa)	$A(\delta)$(%)	用　途
Q420	360 ~ 420	≥18	具有优良的综合力学性能，低温韧性，焊接性好，冷热加工性好。适用于制造锅炉等大型焊接构件

（2）合金渗碳钢。合金渗碳钢是用来制造既有优良的耐磨性、耐疲劳性，又能承受冲击载荷作用的零件。如汽车、拖拉机中的变速齿轮、内燃机中的凸轮和活塞销等。碳素渗碳钢由于淬透性差，仅能在表层获得高的硬度，而心部得不到强化，故只适用于制造受力较小的渗碳零件。而一些性能要求高或截面更大的零件，均需采用合金渗碳钢。常用合金渗碳钢的牌号及用途见表3—3。

表3—3　　常用合金渗碳钢的牌号及用途

牌号	$R_{eL}(\sigma_s)$(MPa)	$A(\delta)$(%)	用　途
20Cr	≥540	≥10	齿轮、凸轮、活塞销
20CrMnTi	≥835	≥10	汽车上变速齿轮、轴、凸轮轴
20Cr2Ni4	≥1080	≥10	大型齿轮和轴，也可用作调质件

（3）合金调质钢。合金调质钢是用来制造一些受力复杂的重要零件，它既要求有很高的强度，又要有很好的塑性和韧性。常用合金调质钢的牌号及用途见表3—4。

表3—4　　常用合金调质钢的牌号及用途

牌号	$R_{eL}(\sigma_s)$(MPa)	$A(\delta)$(%)	用　途
40Cr	≥785	≥9	齿轮、花键轴、连杆、主轴
35CrMo	≥835	≥12	大电机轴、连杆、曲轴
38CrMoAlA	≥835	≥14	磨床主轴、精密丝杠、量规

（4）合金弹簧钢。弹簧的材料应具有高的强度、高的疲劳极限、足够的塑性和韧性。合金弹簧钢含碳量一般为0.45%～0.7%。含碳量过高，硬度增加，塑性和韧性降低，疲劳极限也下降。合金弹簧钢加入的合金元素有锰、硅、钨等。典型的牌号有55Si2Mn，60Si2CrVA等。

2．合金工具钢

合金工具钢是在碳素工具钢的基础上加入一些合金元素以进一步提高材料的各项性能。常用于制造尺寸大、精度高和形状复杂的模具、量具以及切削速度较高的刀具。其中高速钢用途最广。

高速钢是一种具有高热硬性、高耐磨性的高合金工具钢。钢中含有较高的碳含量和大量的钨、铬、钒等强碳化物形成元素。典型的牌号有W18Cr4V、W18Cr4VCo5等。高的含碳量是为了保证形成足够量的合金碳化物，并使高速钢具有高的硬度和耐磨性；W、Mo是提高钢热硬性的主要元素；V能显著提高钢的硬度、耐磨性和热硬性。因此，高速钢主要用于制造切削速度较高的刀具（如车刀、铣刀等）和形状复杂、载荷大的成形刀具（如齿轮铣刀、拉刀等）。此外，高速钢还用于制造冷挤压模及某些耐磨零件。

3．特殊性能钢

特殊性能钢是具有特殊物理、化学性能的钢。这类钢种类很多，在机械制造业中常用的有不锈钢、耐热钢和耐磨钢等。

四、铸铁

1．灰铸铁

灰铸铁是一种价格便宜的结构材料，在铸铁生产中，灰铸铁产量约占80%以上。灰铸铁的牌号由“灰铁”两字的大写汉语拼音“HT”及后面的一组表示最小抗拉强度数值的数字组成。常用灰铸铁牌号和用途见表3—5。

表 3—5　　　　　　常用灰铸铁的牌号和用途

牌号	$R_m(\sigma_b)$(MPa)	用　途
HT100	100	适用于制造负荷小，对摩擦、磨损无特殊要求的零件，如盖、油盘、支架、手轮
HT150	150	适用于制造承受中等负荷的零件，如机床支柱、底座、刀架、齿轮箱、轴承座
HT200	200	适用于制造承受较大负荷的零件，如机床床身、立柱、汽车缸体、缸盖、齿轮、飞轮
HT250	250	
HT300	300	适用于制造承受高负荷的重要零件，如齿轮、凸轮、发动机曲轴、缸体、缸套、缸盖等
HT350	350	

2．可锻铸铁

可锻铸铁相对于灰铸铁有较高的强度，塑性和韧性也有很大的提高。因为其具有一定的塑性变形的能力，所以被叫做可锻铸铁，实际上可锻铸铁并不能锻造。可锻铸铁的牌号由三个字母及两组数字组成。前两个字母“KT”是“可铁”两字的大写汉语拼音字头。第三个字母代表可锻铸铁的类别，“H”表示黑心（铁素体）基体，“Z”表示珠光体基体。后面两组数字分别代表最小抗拉强度和伸长率。常见可锻铸铁牌号有 KTH300、KTH350、KTZ450 等。

3．球墨铸铁

球墨铸铁的强度和塑性超过灰铸铁和可锻铸铁，接近铸钢。球墨铸铁的牌号是由“球铁”两个字的大写汉语拼音字头和两组数字组成。两组数字分别代表最小抗拉强度和伸长率。常用球墨铸铁的牌号和用途见表 3—6。

表 3—6　　　　　　常用球墨铸铁的牌号和用途

牌号	$R_m(\sigma_b)$(MPa)	$A(\delta)$(%)	硬度(HBS)	用　途
QT400 - 18	≥400	18	130 ~ 180	适用于制造承受动载和静载且要求气密性好的零件，如管道配件

续表

牌号	$R_m(\sigma_b)$(MPa)	$A(\delta)$(%)	硬度(HBS)	用　途
QT500－7	≥500	7	170～230	适用于制造承受中等动载和静载的零件，如机床扳手
QT600－3	≥600	3	190～270	适用于制造承受较高的冲击、振动及扭转负荷下工作的零件，如汽车上的前后轮壳
QT900－2	≥900	2	280～360	适用于制造承受较高载荷、耐磨损且要求有一定韧性的重要零件，如曲轴

五、钢的热处理

将固态的金属或合金采用适当的方式进行加热、保温和冷却以获得所需要的组织结构与性能的工艺，就是热处理。热处理是强化金属材料、提高产品质量和使用寿命的主要途径之一。绝大部分重要的机械零件在制造过程中都必须进行热处理。

普通热处理方法包括退火、正火、淬火、回火四种。

1. 退火

退火是指将钢加热到适当温度，保持一定时间，然后缓慢冷却（一般随炉冷却）的热处理工艺。退火的目的是：降低钢的硬度，提高塑性，以利于切削加工和冷变形加工；细化晶粒，均匀组织，为后续热处理做好组织上的准备；消除残余内应力，防止工件的变形与开裂。

2. 正火

正火是指将钢加热到某一温度，保温适当的时间后，在空气中冷却的工艺方法。由于正火的冷却速度比退火快，故正火后工件组织比较细，强度、硬度比退火钢高，但内应力的消除没有退火彻底。正火是在炉外冷却，不占用加热设备，生产周期比退火短，生产效率高，能量消耗少，工艺简单、经济。对于低、中碳钢而言，正火后硬度有所提高，切削性能更好。因此，低碳钢和中碳钢多采用正火来代替退火。此外，对于力学性能要求不太高的零件，正火还可以作为其最终热处理。

3．淬火

淬火是将钢加热到适当温度，经保温一定时间后浸入水、油等介质中快速冷却的一种热处理工艺。不同的材料要求的冷却速度不同，所以在淬火时采用的冷却介质也不一样。碳钢一般用水冷却，合金钢一般用油冷却。淬火的目的是提高钢的强度、硬度和耐磨性。

4．回火

回火是指将淬火后的钢重新加热到某一温度，保温一定时间，然后在空气、水或油中冷却到室温的热处理工艺。回火的目的是：获得不同需要的力学性能，以满足各种工件的不同使用要求；降低淬火钢的脆性和内应力，防止变形或开裂；稳定钢的组织，以保证工件不再发生形状和尺寸的改变；淬火钢经回火后，其硬度随回火温度的升高而降低。回火一般也是热处理的最后一道工序。淬火后高温回火（在500～650℃之间的回火）的热处理方法称为调质处理，能使钢具有良好的综合力学性能。

机械零件机加工艺与热处理工艺之间的一般关系如图3—1所示。

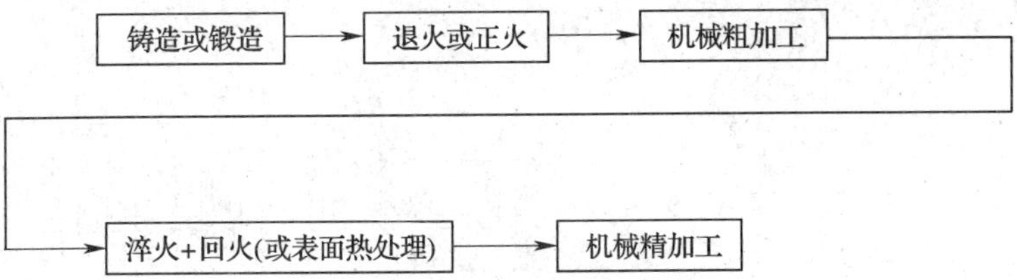

图3—1　机械零件机加工艺与热处理工艺的一般关系

模块二　识读零件图

培训目标：

1．熟悉简单三视图的画法；

2．掌握零件图的作用、内容和识读方法。

一、三视图基础

机械加工中，零件的形状、大小、加工要求都是用机械图样来表达的，它是通用的工程语言。而机械图样主要是用正投影法绘制的。下面我们就来了解三视图的知识。

1．三视图的形成

（1）视图。光线照射物体产生影子，这个影子近似地反映物体的形状。利用投影特性，工程上把平行的投射线垂直投影面投射形成物体的投影，这种投影法就称为正投影法，如图 3—2 所示。根据有关标准和规定用正投影法所绘制出物体的图形，称为视图。通常一个视图不能完整地表达物体形状。例如一个长方体，它有长宽高三个长度值，它的任一个视图都是长方形，只能含有两个长度值。因此，必须将物体向几个方向的投影面分别投射，综合起来才能完整地表达物体的形状。

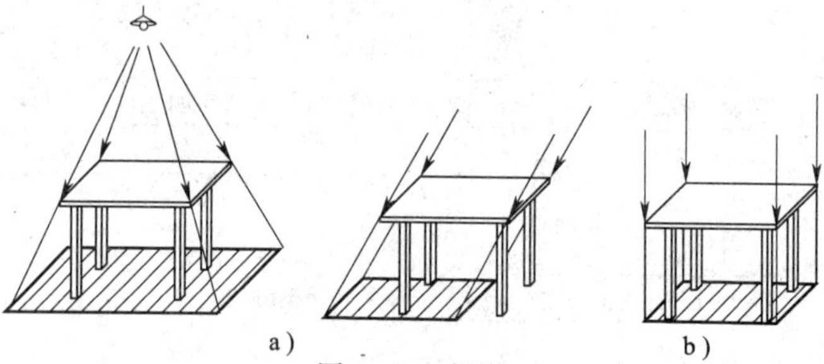

图 3—2　投影

a）投影　b）正投影

(2) 三视图的形成。工程上常采用三面视图来完整清楚地表达物体的形状和大小。要形成三视图必须具有三个互相垂直的辅助投影面，通常我们把这三个互相垂直的辅助投影面称为三面体系，如图 3—3 所示。它们分别为正面 V、水平面 H、侧面 W。将物体置于该三面体系，分别向 V 面、H 面、W 面投射，即得到三个视图。它们分别是：

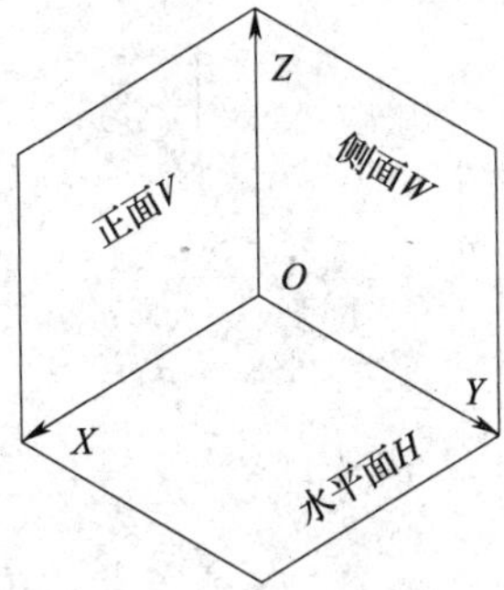

图 3—3　三面体系

主视图——由前向后投射，在 V 面所得视图，如图 3—4 所示。

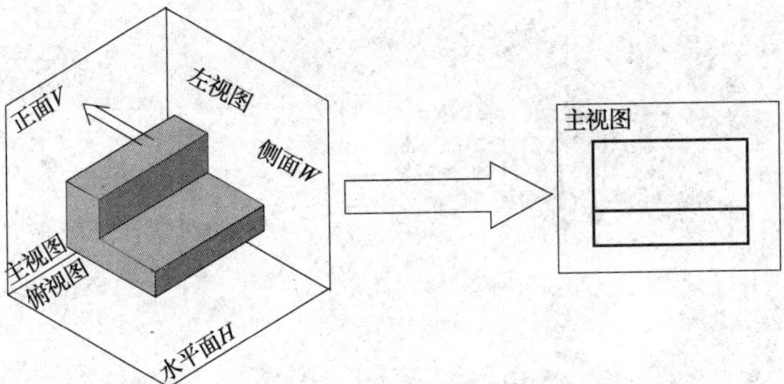

图 3—4　主视图的形成

俯视图——由上向下投射，在 H 面所得视图，如图 3—5 所示。

左视图——由左向右投射，在 W 面所得视图，如图 3—6 所示。

2. 三视图的对应关系

如图 3—7 所示，由展开后的三视图可以看出：主视图反映物体的长度和高度；俯视图反映物体的长度和宽度；左视图反映物体的高度和宽度。相邻两个视图之间有一个方向尺寸相等，即

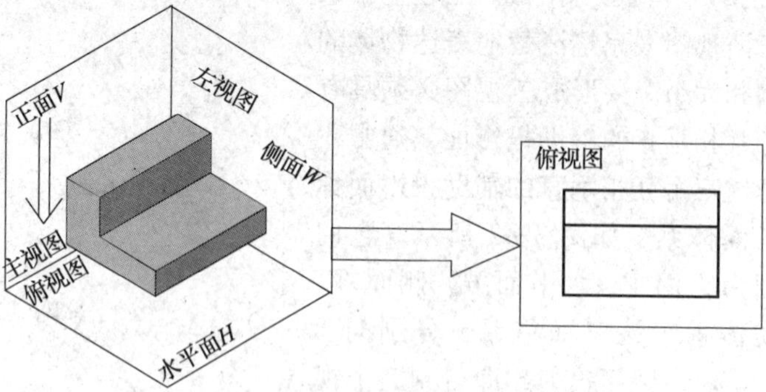

图 3—5　俯视图的形成

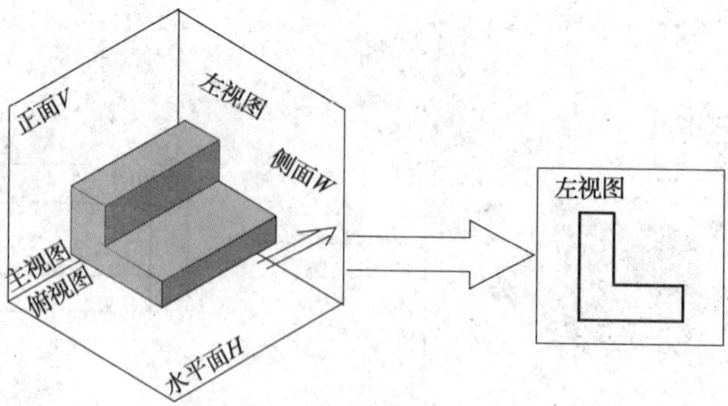

图 3—6　左视图的形成

主、俯视图等长，称为“主、俯视图长对正”；

主、左视图等高，称为“主、左视图高平齐”；

左、俯视图等宽，称为“左、俯视图宽相等”。

三视图之间存在的“三等”尺寸关系，不仅适用于整个物体，也适用于物体的局部。

3．三视图作图步骤

下面通过学习图 3—8 所示零件三视图的作图步骤，我们可以了解三视图图样是如何体现零件形状和大小的。

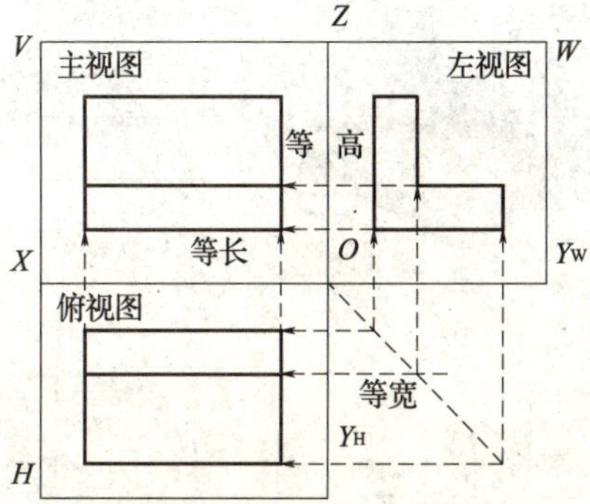

图 3—7　三视图尺寸关系

（1）确定物体的投射方向（图 3—8a）。

（2）确定三个视图位置，画作图的起始边线（图 3—8b）。

（3）先画主视图，根据长高尺寸确定图形大小（图3—8c）。

（4）作俯视图，过主视图引垂直线，确保"主、俯视图长对正"，并根据宽度尺寸作图（图 3—8d）。

（5）作左视图，过主视图引水平线，确保"主、左视图高平齐"；借助等分规或45°辅助线实现"俯、左视图宽相等"（图 3—8e）。

（6）检查、描粗加深图线，完成三视图作图（图 3—8f）。

二、其他图形表达

1. 局部视图、斜视图

对外形简单的零件，我们常常通过一个或两个方向的视图就能将零件的形状特征表达清楚，对于较复杂的零件可通过三个方向的视图来表达，对于更复杂的零件，可以在三视图的基础上增加局部视图和斜视图等方法加以补充表达。如图 3—9 所示，零件的三个基本视图还不能清楚地表达出弯曲连杆零件的形状，所以图中又补充了一个零件右端的局部视图和 *A* 向的斜视图。

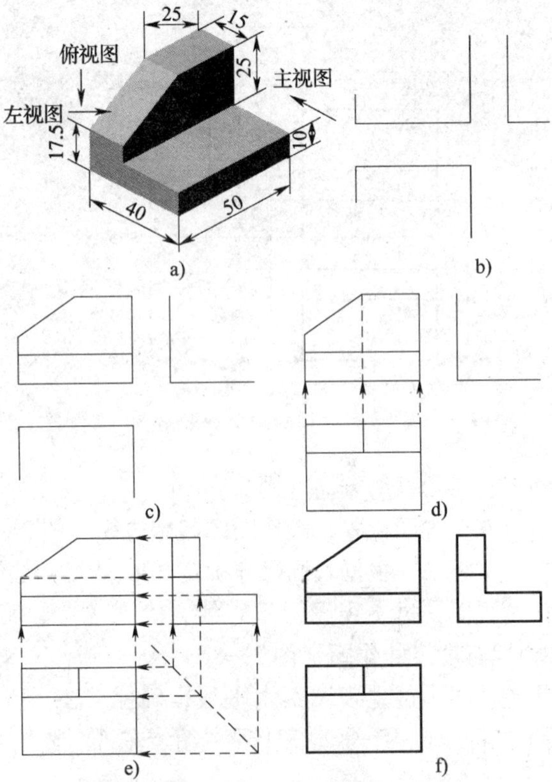

图 3—8　三视图作图步骤

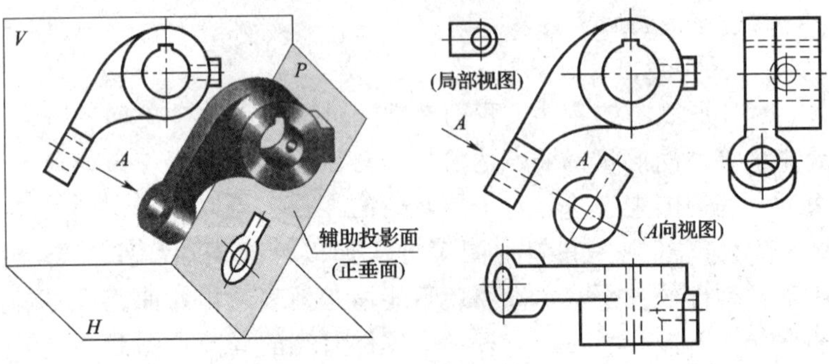

图 3—9　图样的表达

2. 剖视图

视图主要用来表达机件的外部形状，为了更清晰地表达它的内部结构，使视图更加简练、明了，常采用剖视图的画法。假想用剖切面剖开机件，将处在观察者与剖切面之间的部分移去，将其余部分向投影面投射所得到的图形称为剖视图，简称剖视。剖视图的形成过程如图 3—10 所示。

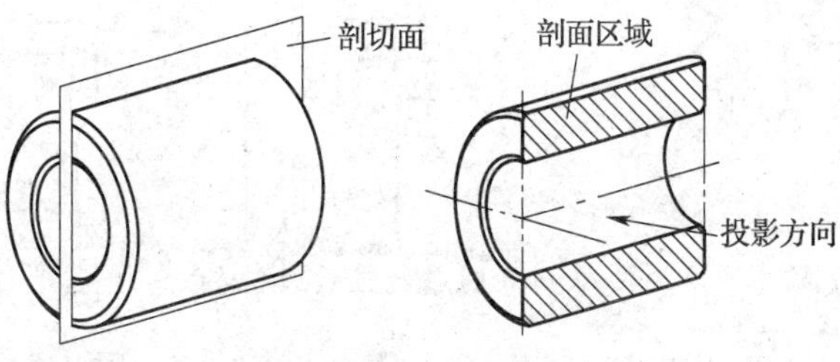

图 3—10　衬套的剖视

机件被假想剖切后，在剖视图中，剖切面与机件接触部分称为剖切区域。为使具有材料实体的切断面与其余部分有明显区别，金属材料被剖切后，应在视图的剖面区域内画出 45°的平行细实线作为剖面线，如图 3—11 所示。

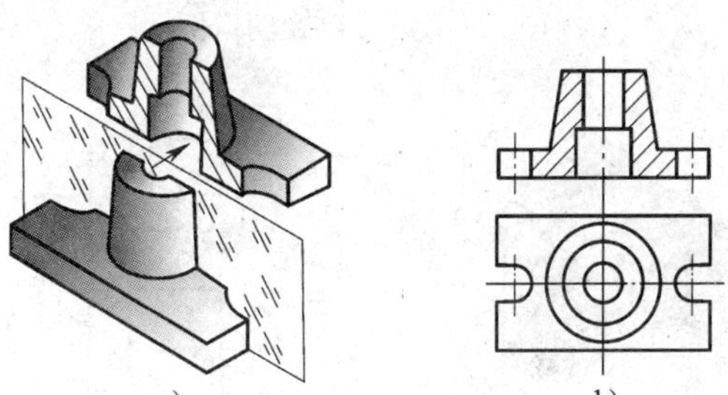

图 3—11　全剖视图

剖视图分为全剖视图、半剖视图和局部剖视图。用剖切面完全剖开机件所画的剖视图，称为全剖视图，如图 3—11 所示。当机件对称或基本对称时，可以对称面为界，将视图一半画成剖视图，另一半画成视图，得到的图形称为半剖视图，如图3—12所示。用剖切平面局部地剖开机件所得到的剖视图，称为局部剖视图，如图3—13所示。局部剖视图一般用波浪线作为分界线。

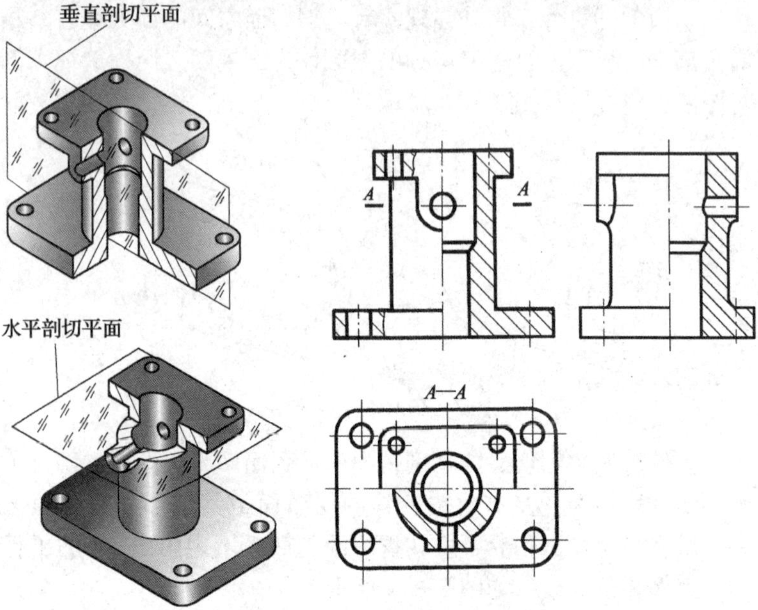

图3—12　半剖视图示例

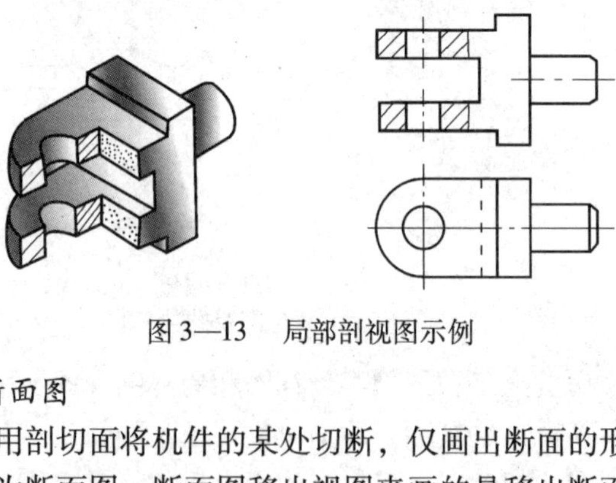

图3—13　局部剖视图示例

3. 断面图

假想用剖切面将机件的某处切断，仅画出断面的形状，得到的图形称为断面图。断面图移出视图来画的是移出断面图，如图

3—14a 所示；断面图画在视图轮廓内的是重合断面图，如图 3—14b所示。

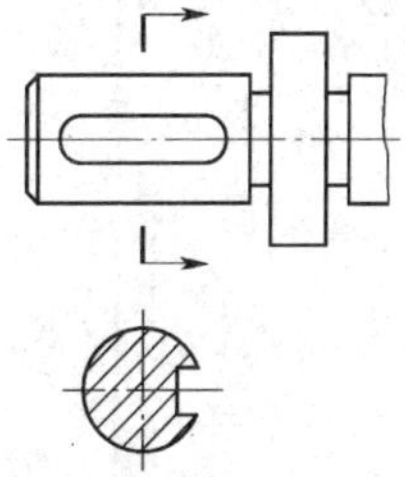

a）

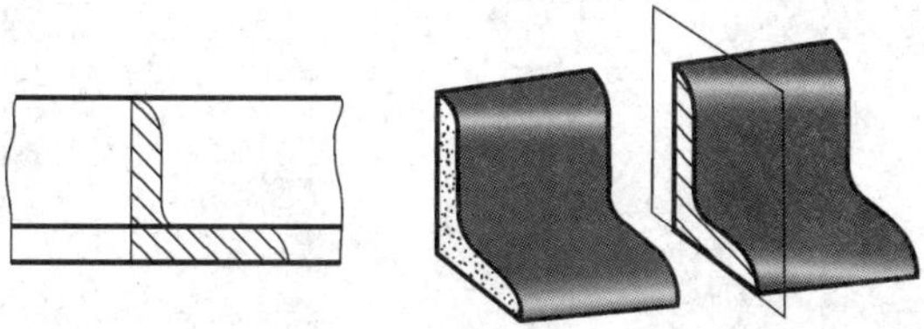

b）

图 3—14 断面图示例

a）移出断面图 b）重合断面图

三、零件图的作用和内容

1. 零件图的作用

任何机械都是由许多零件组成的，制造机器就必须先制造零件。零件工作图（简称零件图）就是制造和检验零件的依据，它根据零件在机器中的位置和作用，规定零件外形、结构、尺寸、材料和技术要求。

2. 零件图的内容

如图 3—15 所示，一张完整的零件图应包括以下内容：

（1）标题栏。位于图中的右下角，标题栏一般填写零件名称、代号、材料、数量、图样的比例及图样的责任人签名和单位名称等。标题栏的方向与看图的方向应一致。

（2）一组图形。用以表达零件的结构形状，可以采用视图、剖视图、断面图、规定画法和简化表达方法表达。

（3）必要的尺寸。反映零件各部分结构的大小和相互位置关系，满足零件制造和检验的要求。

（4）技术要求。给出零件的表面粗糙度、尺寸公差、形状和位置公差以及材料的热处理和表面处理等要求。

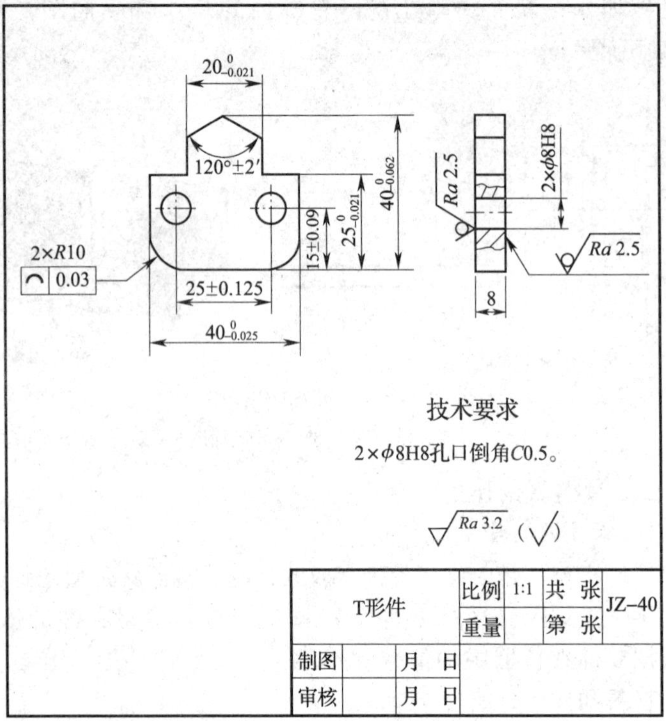

图 3—15　机械识图

四、零件图中的技术要求

这里我们主要介绍尺寸公差、表面粗糙度等技术要求。

1. 认识尺寸

所谓尺寸是指用特定单位表示线性尺寸值的数值。在机械零件上，常见的线性尺寸主要有直径、半径、长度、宽度、深度、高度以及中心距等，如图 3—16 所示。

尺寸由数值和特定单位两部分组成，如 30 mm（毫米）、60 μm（微米）等。在机械制图中，图样上的尺寸通常以 mm 为单位，同时根据国标规定，凡机械制图中出现的尺寸以毫米（mm）为单位时，单位标注可以省略。

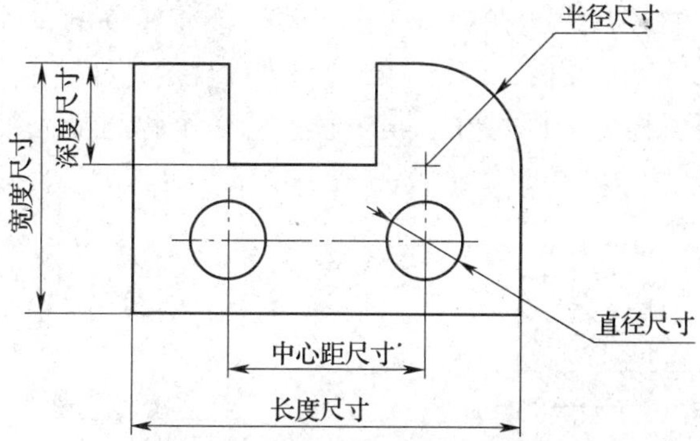

图 3—16　常见线性尺寸

在实际生产过程中，主要应用的尺寸类型有基本尺寸、实际尺寸和极限尺寸。

（1）基本尺寸。在设计时按计算或经验给零件确定的尺寸，称为基本尺寸。国标中规定，以符号“D”代表孔的基本尺寸；以符号“d”代表轴的基本尺寸，如图 3—17 所示。

（2）实际尺寸。在零件加工过程中，通过实际测量所获得的尺寸称为实际尺寸。用符号“D_a”和“d_a”分别表示孔、轴的实际尺寸。

由于在测量过程中不可避免地存在测量误差，因此，所得的实际尺寸并非尺寸的真值。同时，由于零件表面存在着形状误差，使得同一表面上不同位置的实际尺寸也往往不一定相等，如图 3—18 所示。

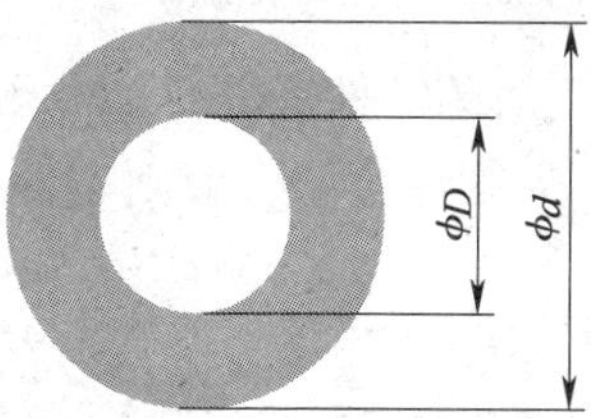

图 3—17　孔、轴的基本尺寸

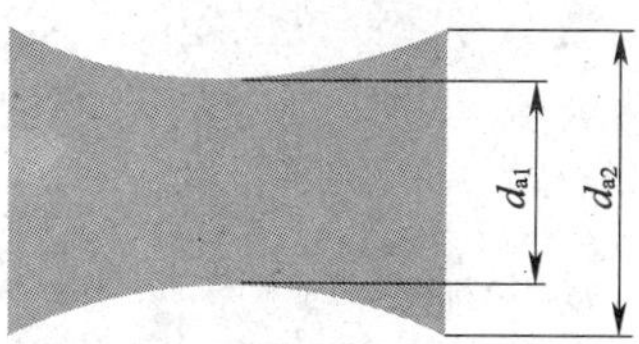

图 3—18　实际尺寸

（3）极限尺寸。在制造时由于不可能将零件的尺寸加工得与基本尺寸完全相同，因此，给合格零件规定允许尺寸变化的两个极限值就称为极限尺寸。其中较大的一个称为最大极限尺寸（D_{max}、d_{max}）；较小的一个称为最小极限尺寸（D_{min}、d_{min}），如图 3—19 所示。

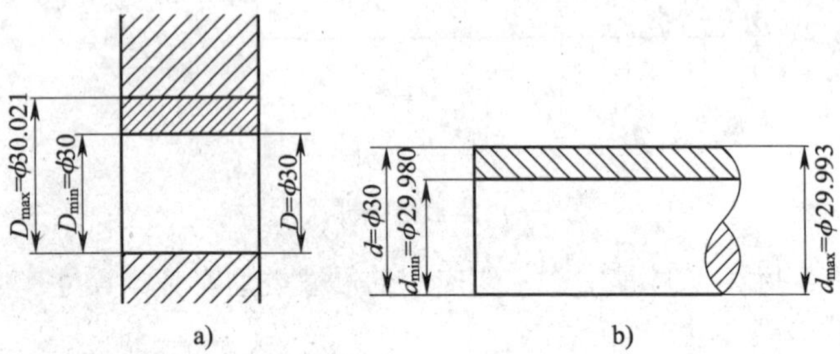

图 3—19　极限尺寸

图 3—19a 中：孔的基本尺寸（D）$=\phi30$ mm

孔的最大极限尺寸（D_{max}）$=\phi30.021$ mm

孔的最小极限尺寸（D_{min}）$=\phi30$ mm

图 3—19b 中：轴的基本尺寸（d）$=\phi30$ mm

轴的最大极限尺寸（d_{max}）$=\phi29.993$ mm

轴的最小极限尺寸（d_{min}）$=\phi29.980$ mm

要注意的是，基本尺寸和极限尺寸都是设计时给定的，基本尺寸可以在极限尺寸所确定的范围内，也可以在极限尺寸所确定的范围外。

当不考虑形位误差的影响，加工后的零件获得的实际尺寸若在两极限尺寸所确定的范围之内，则零件合格，否则零件不合格。

2. 认识尺寸的偏差和公差

偏差是指某一尺寸减其基本尺寸所得的代数差。偏差有极限偏差和实际偏差两种。

(1) 极限偏差。极限尺寸减其基本尺寸所得的代数差称为极限偏差，如图 3—20 所示。

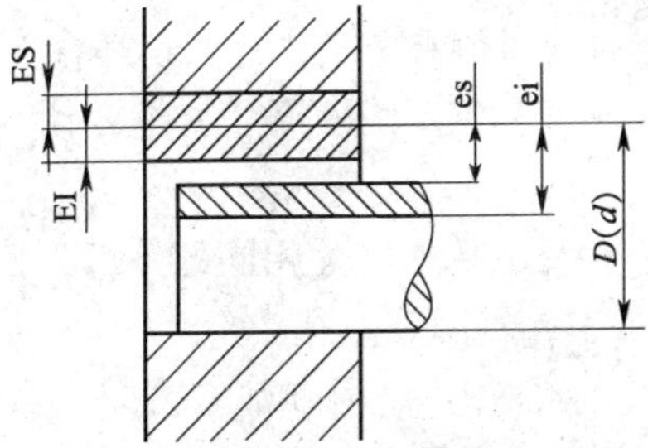

图 3—20　极限偏差

1) 上偏差：最大极限尺寸减其基本尺寸所得代数差。孔、轴上偏差代号分别为 ES，es。

$$\mathrm{ES} = D_{\max} - D \qquad \mathrm{es} = d_{\max} - d$$

2) 下偏差：最小极限尺寸减其基本尺寸所得代数差。孔、轴下偏差代号分别为 EI，ei。

$$\mathrm{EI} = D_{\min} - D \qquad \mathrm{ei} = d_{\min} - d$$

上偏差与下偏差统称为极限偏差，可为正值、负值或零值。

(2) 实际偏差。实际尺寸减其基本尺寸所得的代数差，称为实际偏差。实际偏差也可以为正值、负值或零值。合格零件的实际偏差应在上、下偏差之间。

(3) 尺寸公差。尺寸公差是最大极限尺寸减最小极限尺寸之差，或上偏差减下偏差之差。

由定义可以看出，尺寸公差是允许尺寸的变动量。尺寸公差简称公差。公差是设计时根据零件要求的精度并考虑加工时的经济性能，对尺寸的变动范围给定的允许值。由于合格零件的实际尺寸只能在最大极限尺寸与最小极限尺寸之间的范围内变动，而变动只涉及到大小，因此用绝对值定义。孔和轴的公差分别以 T_h 和 T_s 表示：

$$T_h = |D_{max} - D_{min}| = |ES - EI|$$
$$T_s = |d_{max} - d_{min}| = |es - ei|$$

注意：

1）尺寸公差以绝对值来定义，无正负号含义。

2）加工误差不可避免，所以尺寸总是变动，公差值不能取零值。

3）从加工角度看，基本尺寸相同的零件，公差值越大，加工越容易；反之加工就越困难。

国家标准规定标准公差，用以确定公差带大小。它分为 20 个等级，用公差符号 IT 和阿拉伯数字表示，即 IT01，IT0，IT1，IT2，…，IT18。公差等级用来确定尺寸精度，IT01 最高，以下逐级降低，IT18 最低。国家标准还规定了基本偏差，用以确定公差带相对于零线位置，即基本偏差的上偏差或下偏差，一般指靠近零线的那个偏差。基本偏差共有 28 个，用拉丁字母表示，孔大写，轴小写，如图 3—21 所示。

3. *表面结构*

表面结构是表面粗糙度、表面波纹度、表面缺陷、表面纹理和表面几何形状的总称。表面粗糙度是零件表面所具有的微小峰谷的微观几何形状误差，一般来说，它的波形起伏间距和波形幅度都比较小，如图 3—22 所示。表面粗糙度对于零件的配合、耐磨性、抗腐蚀性、密封性等有显著影响。一般来说，凡零件上有配合要求或有相对运动的表面，表面粗糙度值应取较小值，以延长机械零件的使用性能和使用寿命。但零件表面粗糙度要求越高（即表面粗糙度参数值越小），则其加工成本越高。因此，应在满足零件表面功能的前提下，合理选用表面粗糙度参数。

在机械加工中，由于机床、工件和刀具系统的振动，在工作表面所形成的间距比粗糙度波纹起伏间距大得多的表面不平度称为波纹度。零件表面的波纹度是影响零件使用寿命和引起振动的重要因素。

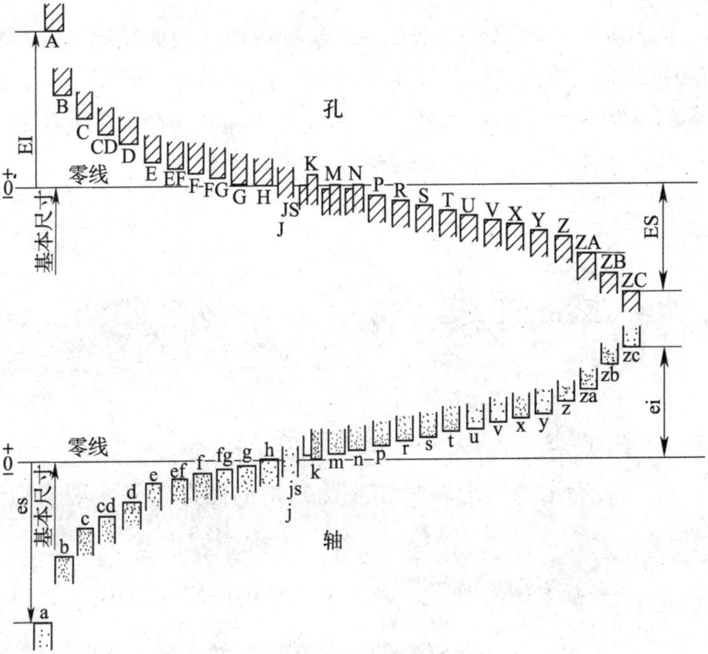

图 3—21　基本偏差

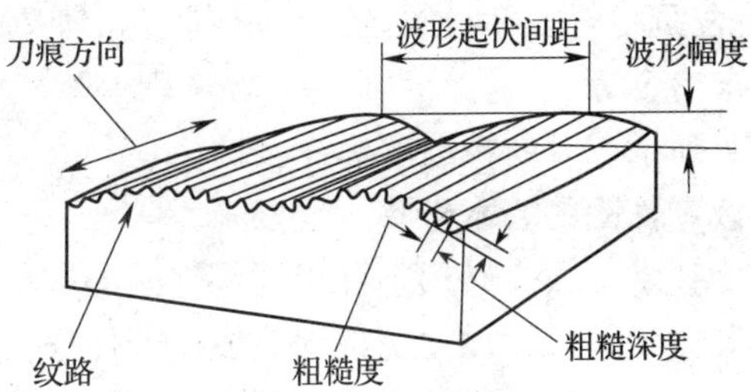

图 3—22　表面粗糙度

（1）表面结构的主要评定参数。轮廓参数是我国机械图样中目前最常用的表面结构状况的评定参数，其中轮廓参数中评定粗糙度轮廓有两个高度参数：轮廓算术平均偏差 Ra 和轮廓的最

大高度 Rz。

轮廓算术平均偏差是指在取样长度内被测表面轮廓上各点到轮廓中线距离的绝对值的算术平均值，采用符号“Ra”来表示。轮廓的最大高度是指在取样长度内最大轮廓峰高与最大轮廓谷深的高度，采用符号“Rz”来表示，如图 3—23 所示。

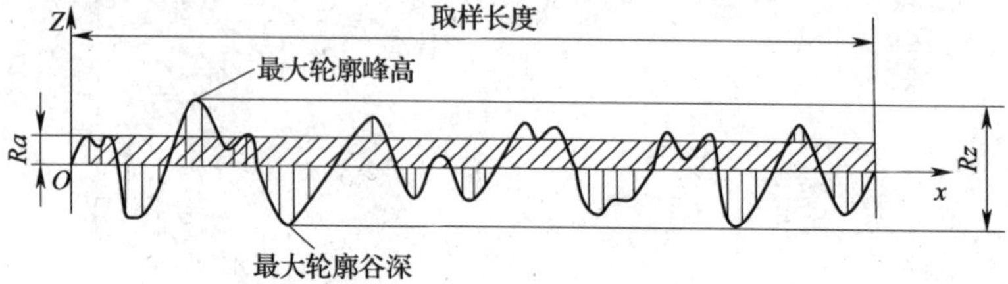

图 3—23　轮廓算术平均偏差 Ra 和轮廓的最大高度 Rz

（2）表面结构图形符号。表面结构的图形符号主要有以下三种：

√——基本图形符号，表示表面可用任何方法获得。

▽——表面用去除材料的方法获得，如车削、铣削、钻削、磨削、剪切等。

ᴓ——表面用不去除材料的方法获得，如铸造、锻压、冲压变形、粉末冶金等。

图 3—24 列举了表面粗糙度标注实例。

五、识读零件图的基本步骤

作为一个技术工人，必须掌握识读零件图的方法，了解零件的结构形状和技术要求，以便更好地完成生产任务。根据零件图所表达的内容，看图的基本步骤是：看标题栏、分析图形、分析尺寸和看技术要求。

1．看标题栏

通过标题栏可以知道零件的名称、比例、材料等，以便确定加工方法和想象出零件的实际大小。

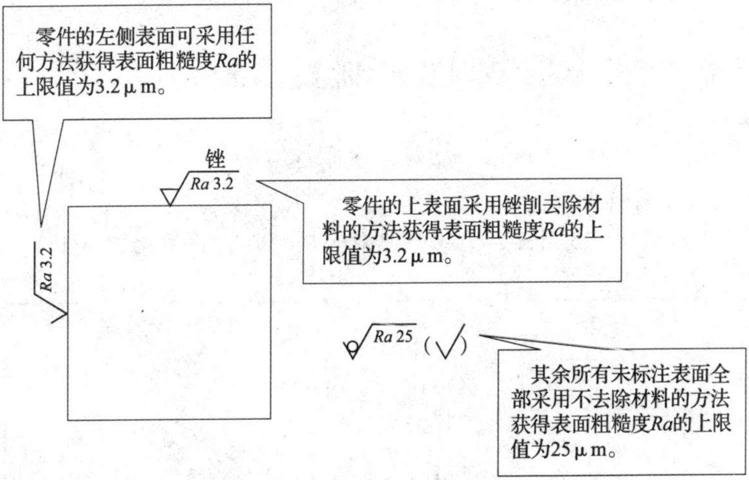

图 3—24　表面粗糙度标注实例

2. 分析图形

先看主视图，再联系其他视图，分析图中采用了哪些表达方法，如剖视、断面及规定画法等。然后通过对图形的投影分析，想象出零件的结构形状。

3. 分析尺寸

对零件的结构基本了解清楚之后，再分析零件的尺寸。首先确定零件各部分结构形状的大小尺寸，再确定各部分结构之间的位置尺寸，最后分析零件的总体尺寸。同时分析零件长、宽、高三个方向的尺寸基准，找出图中的重要尺寸和主要定位尺寸。

4. 看技术要求

对图中出现的各项技术要求，如尺寸公差、表面粗糙度、形状和位置公差以及热处理等加工方面的要求，要逐个进行分析，弄清楚它们的含义。

通过上述步骤分析来对零件有一个正确的全面了解。应注意的是，上述步骤仅供初学者参考，在实际看图时不要机械照搬，而应结合具体情况分析，逐步提高识图能力。

技能训练

识读图 3—25 所示的碟形件零件图。

1. 看标题栏

如图 3—25 所示，此工件名称为碟形件，作图比例为 1∶1。

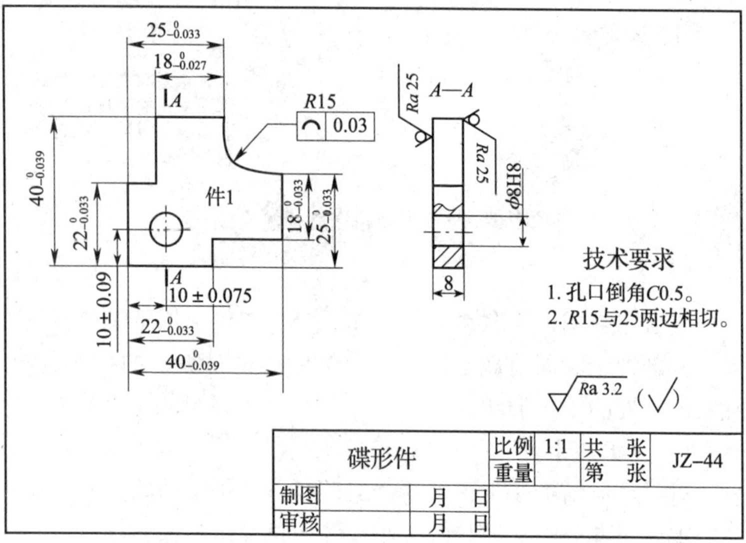

图 3—25　碟形件加工读图

2. 分析图形

此零件图中主要有主视图和左视图两个视图，在左视图中采用了局部剖视图的表示方式，使孔的位置和大小有一个清楚的表示。

3. 分析尺寸和技术要求

从主视图可以得到碟形件的长、宽主要尺寸。碟形件总长、总高相等，均为 $40^{\ 0}_{-0.039}$ mm；碟形件的左上方和右下方都有一个内凹部分，碟形件下底面长为 $22_{-0.033}^{0}$ mm，上顶面长为 $18_{-0.027}^{0}$ mm；碟形件的右上方相当于切掉半径为 15 mm 的 1/4 圆部分，要求圆弧轮廓误差不大于 0.03 mm。此外还有孔的位置，位于碟形件的左下方，距离左端面和下底面均为（10 ±0.075）mm。从左视图上可以得到碟形件的厚度为 8 mm，孔的直径为 8H8 mm。另外，碟形件的前、后平面采用不去除材料的方法获得的表面粗糙度 *Ra* 值不大于 25 μm，其余所有未标注表面采用去除材料的方法获得的表面粗糙度 *Ra* 值不大于 3.2 μm。

技术要求还包括孔口要求倒角 *C*0.5；碟形件去掉的圆弧形内凹部分，其半径为 15 mm 的圆弧与 25 mm 两边相切。

第四单元　划　线

培训目标：

1. 掌握常用划线工具的使用方法；
2. 掌握划线技能要领。

一、划线

划线是指在毛坯或工件上，用划线工具划出待加工部位的轮廓线或作为基准的点、线。

1. 划线的种类

（1）平面划线。指只需要在工件的一个表面上划线即能明确表示加工界线，如图4—1所示。

（2）立体划线。指在工件上几个互成不同角度（通常是互相垂直）的表面上划线，才能明确表示加工界线，如图4—2所示。

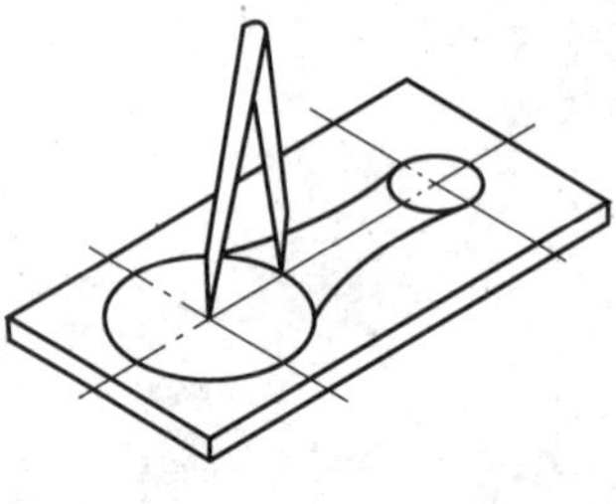

图4—1　平面划线

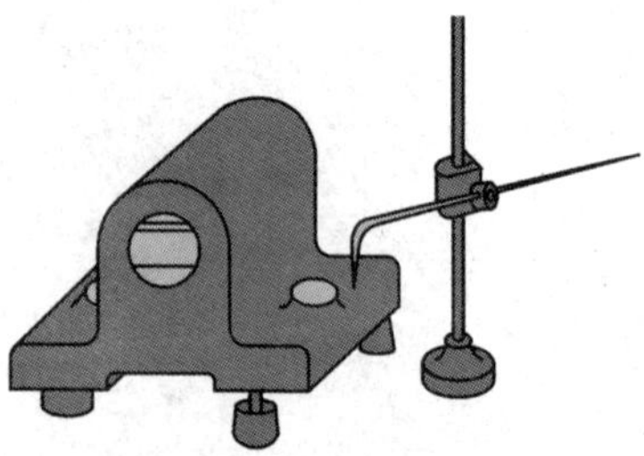

图4—2　立体划线

2. 划线的作用

（1）确定工件的加工余量，使机械加工有明确的尺寸界线。

（2）便于复杂工件在机床上安装，可以按划线校正定位。

（3）能够及时发现和处理不合格的毛坯，避免加工后造成损失。

（4）采用借料划线能使误差不大的毛坯得到补救，使加工后的零件仍能符合要求。

划线是机械加工的重要工序之一，广泛应用于单件和小批量生产。

3. 划线的要求

划线除要求划出的线条清晰均匀外，最重要的是保证尺寸准确。在立体划线中，还应注意使长、宽、高三个方向的线条互相垂直。当划线发生错误或准确度太低时，就有可能造成工件报废。由于划出的线条总有一定宽度，以及在使用划线工具和测量调整尺寸时难免产生误差，所以划线不可能绝对准确。一般划线精度能达到0.25～0.5 mm。因此，通常不能依靠划线直接确定加工时的最后尺寸，而必须在加工工程中通过测量来保证尺寸的准确度。

二、划线基准的选择

合理地选择划线基准是做好划线工作的关键。只有划线基准选择恰当，才能提高划线的质量和效率，提高工件合格率。

1. 基准的概念

（1）基准：是用来确定其他点、线、面位置的点、线、面。

（2）设计基准：是在零件图上用来确定其他点、线、面位置的基准。

（3）划线基准：是指在划线时选择工件上的某个点、线、面作为依据，用它来确定工件的各部分尺寸、几何形状及工件上各要素的相对位置。

2. 划线基准选择

划线时，应从划线基准开始。在选择划线基准时，应先分析图样，找出设计基准，使划线基准与设计基准尽量一致，这样能够直接量取划线尺寸，简化换算过程。

（1）以两个互相垂直的平面（或线）为基准，如图 4—3a 所示。

（2）以两条中心线为基准，如图 4—3b 所示。

（3）以一个平面和一条中心线为基准，如图 4—3c 所示。

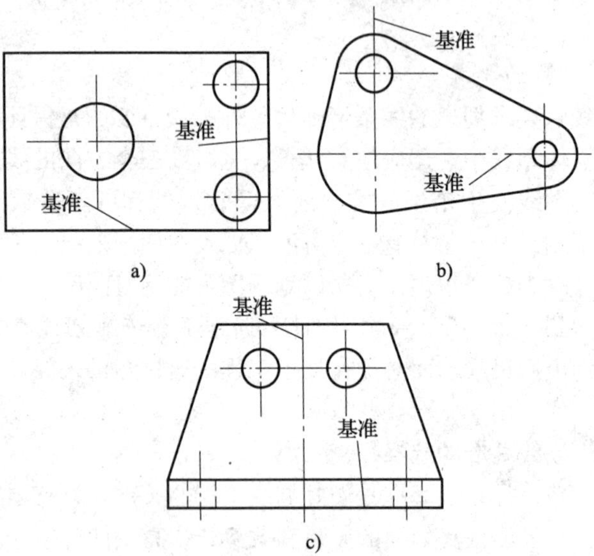

图 4—3　划线基准选择

a）以两互相垂直平面为基准　b）以两互相垂直的中心线为基准

c）以一平面和一中心线为基准

划线时在零件的每一个方向都需要选择一个基准，因此，平面划线时一般要选择两个划线基准，而立体划线时一般要选择三个划线基准。

三、常用划线工具

1. 基准工具

划线用基准工具如图 4—4 所示，有划线平板、直角铁、方箱、磁性吸盘、V 形架等。基准工具的工作表面要求平整，各工作表面要相互垂直。基准工具主要用于放置工件，使工件划线时处于正确的位置。使用基准工具，必须保持工作面清洁，不得有毛刺或与其他物件发生撞击和挤压的损伤。

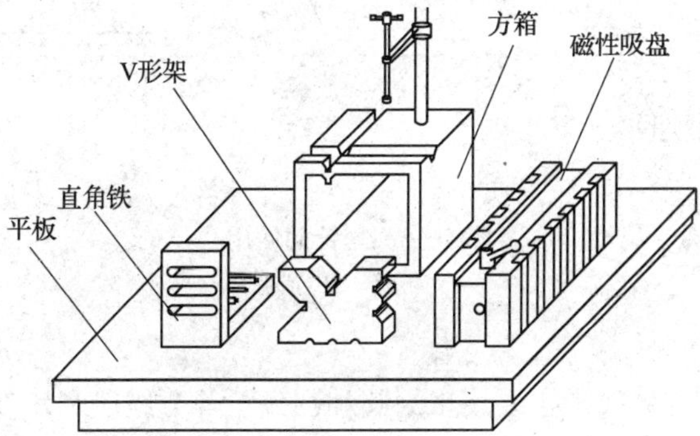

图 4—4　基准工具

2. 划针

划针一般用工具钢或弹簧钢丝制成，如图 4—5 所示，端部磨尖呈 15° ~ 20°的圆锥角，直径一般为 3 ~ 5 mm，并经淬火处理，有的划针在尖端部焊有硬质合金，耐磨性更好。

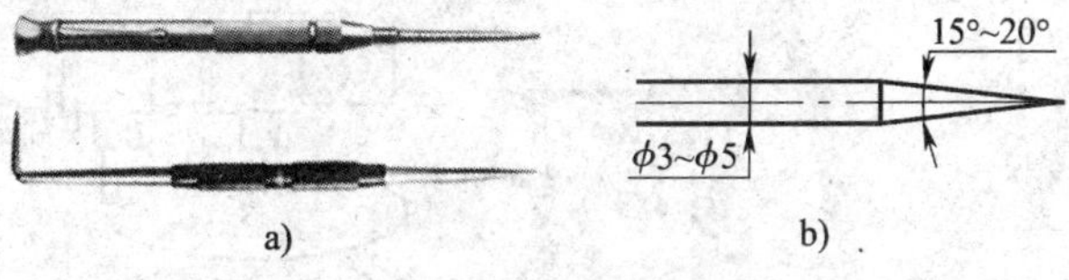

图 4—5　划针

a）划针　b）划针端部

使用划针时一定要使划针尖端在直尺的底边，否则划出的线条不准确，如图 4—6a 所示。划线时划针的正确使用方法如图 4—6b 所示，划针上部应向外侧倾斜 15° ~ 20°，沿划线方向倾斜 45° ~ 75°，这样划出的线才直，划出的尺寸才正确。另外，还必须保持针尖的尖锐，划线要尽量做到一次划成，使划出的线条既清晰又准确。

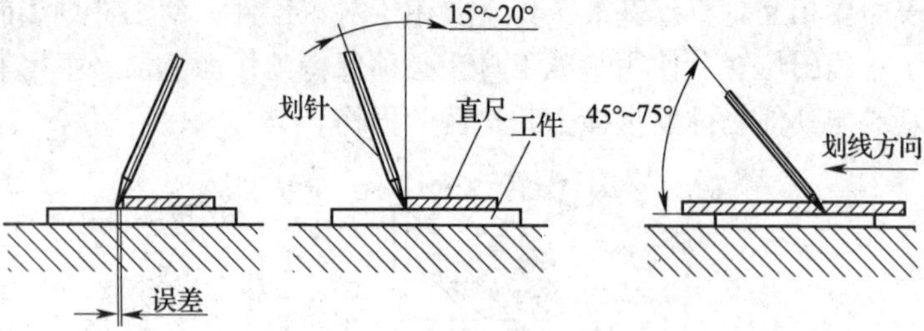

a)　　　　　　b)

图 4—6　划针的使用

a）错误　b）正确

3. 划规

划规在划线中主要用来划圆和圆弧、等分线段和角度以及量取尺寸等。钳工常用的划规有普通划规，该划规结构简单，制造方便如图 4—7a 所示；图 4—7b 所示为弹簧划规，使用时，旋转调节螺母，使调节尺寸方便，但该划规结构刚度差，一般用于光滑表面上划线；图 4—7c 所示为大尺寸划规，也称为滑杆划规，用来划大尺寸的圆。

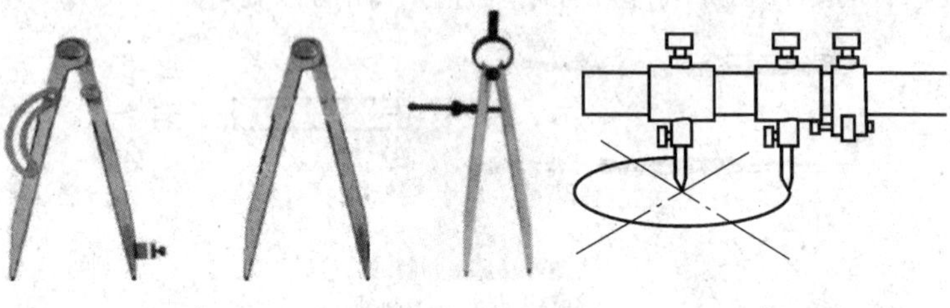

a)　　　　　　b)　　　　　　c)

图 4—7　划规

a）普通划规　b）弹簧划规　c）大尺寸划规

如图 4—8 所示为划规的使用方法。图 4—8a 所示为量取尺寸。图 4—8b 所示为划圆弧的方法，在使用时应压住划规一脚加以定心，转动另一脚划线，划规要基本垂直于划线表面，可略有倾斜，但不能太大。在划尺寸较小的圆时，必须把划规两脚的长短磨得稍有不同，而且两脚合拢时脚尖能靠紧。图 4—8c 所示为用划规划出平行于边且有一定距离要求的平行线的方法。

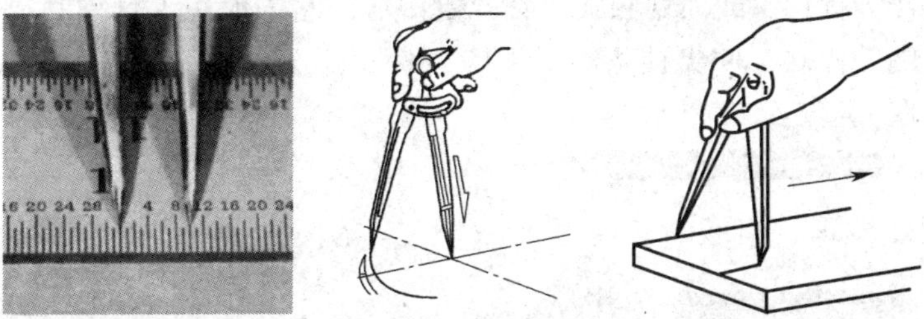

a)　　b)　　c)

图 4—8　划规的正确使用

4. 划线盘

划线盘是用来在划线平板上对工件进行划线或校正位置。划针的直端用来划线，弯头一端用于对工件安放位置的校正。

如图 4—9a 所示，在使用划线盘时，利用夹紧螺母使划针处于所需的高度位置，划针伸出部分应尽量短些，并要牢固地夹紧。划线时手握稳盘座，使划针与工件划线表面之间保持 40° ~ 60°的夹角，底座平面始终与划线平板表面贴紧移动，线条一次划出，如 4—9b 所示。在划较长直线时，应采用分段连接的方法，避免在划线过程中由于划针的弹性变形和划线盘本身的移动而造成划线误差。

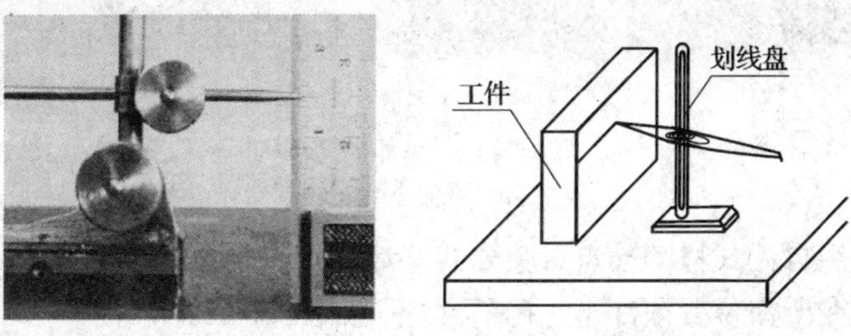

a)　　b)

图 4—9　划线盘的正确的使用

5. 样冲

样冲如图 4—10 所示，是用来在已划好的加工线条上打出冲点作为标记，或为划圆弧、钻孔定中心。它一般用工具钢制成，尖端处淬硬，冲尖顶角磨成 40°～60°，用于钻孔定中心时，尖角取大值。

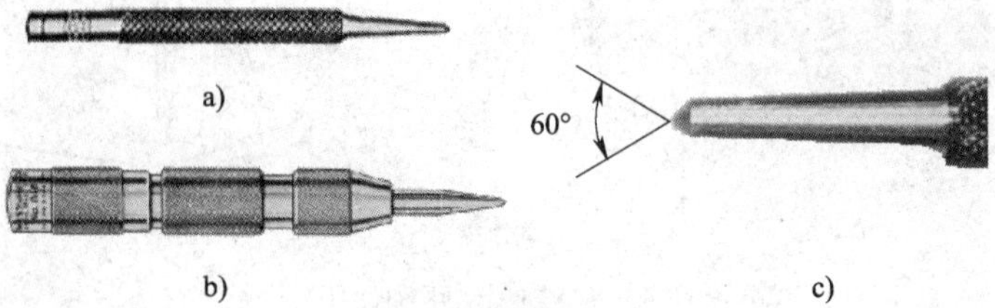

图 4—10　样冲

a）普通样冲　b）自冲式样冲　c）冲尖角度

用普通样冲冲点时，要先找正再冲点。找正时将样冲外倾，使尖端对准线的正中，然后再将样冲直立。冲点时先轻打一个印痕，检查无误后再重打冲点以保证冲点在线的正中，如图 4—11a、b 所示。

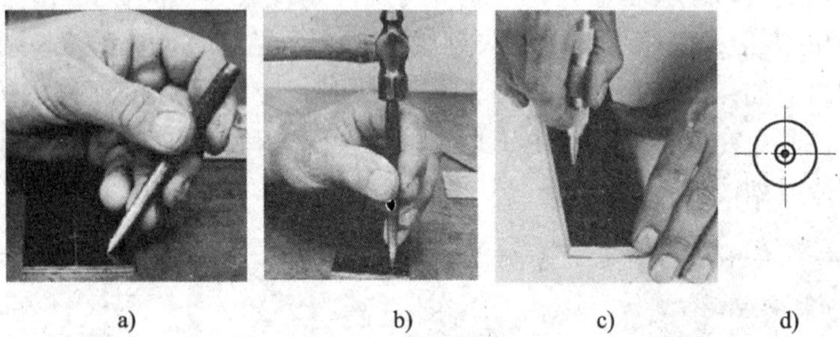

图 4—11　样冲的使用

a）找正　b）冲点　c）自冲式样冲冲点　d）正确冲点

用自冲式样冲冲点，只要找正后，用力下压，在弹簧的作用下，在所需位置即冲出正确的冲点，如图 4—11c 所示。

如图 4—12 所示，直线上的冲点距离可大些，但在短直线上至少要有三个冲点。在曲线上冲点距离要小些，直径小于20 mm

圆周上应有 4 个冲点，而直径大于 20 mm 的圆周线上应有 8 个冲点。在线条的相交处和拐角处必须打上冲点。另外，粗糙毛坯表面冲点应深些，光滑表面或薄壁工件应浅些，而精加工表面绝不允许打上冲点。

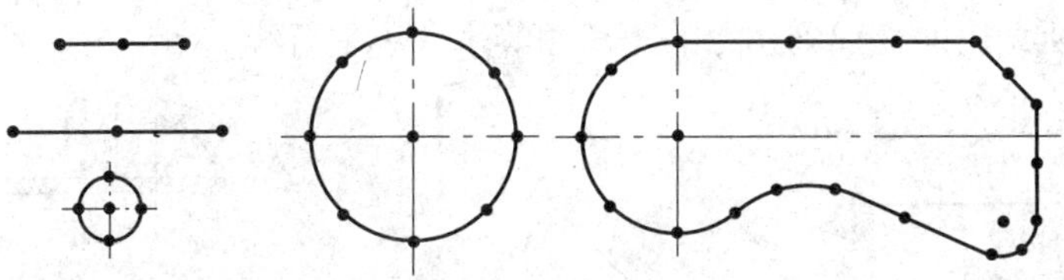

图 4—12 冲点位置要求

6. 高度划线尺

高度划线尺是一种较精密的量具及划线工具，既可以用来测量高度，又可以用量爪直接划线。其读数精度一般为0.02 mm。一般用于半成品划线，不允许用于毛坯划线。图4—13b所示为高度划线尺结合方箱进行划线。

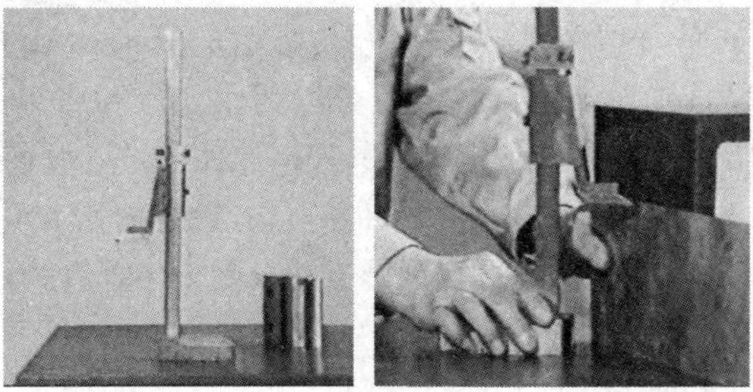

a) b)

图 4—13 高度划线尺

四、划线方法

机械零件图形往往由一些基本的平行线、垂直线、角度线组成，这些线条的划法在划线操作中使用较广泛，所以必须较好地掌握这些划线的方法。

1. 平行线的划法

在划平行线时，应根据不同的条件选用不同的划线工具及方法，如图 4—14 所示。其中图 4—14a 是利用划规找出两个等高点来划出平行线；图 4—14b 直接利用高度划线尺划出平行线；图 4—14c 利用 90°角尺划出平行线；图 4—14d 是利用钢直尺保证所划出的直线到边缘的距离相等来划出平行线。

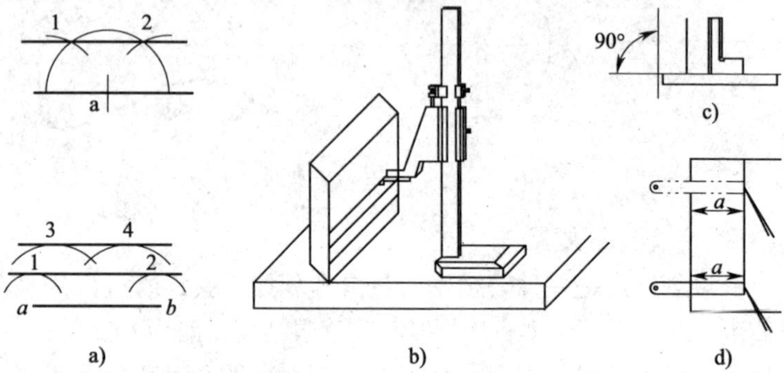

图 4—14　平行线的划法

2. 垂直线的划法

常用的垂直线划法如图 4—15 所示。图 4—15a 所示为利用 90°角尺直接划出垂直线。还可以利用划规和直尺采用几何作图法划出垂直线的方法：图 4—15b 所示为利用垂直平分线的方法，图 4—15c 所示为利用圆直径所对的圆心角为 90°的方法，图 4—15d 所示为利用勾股定理的方法分别划出垂直线。

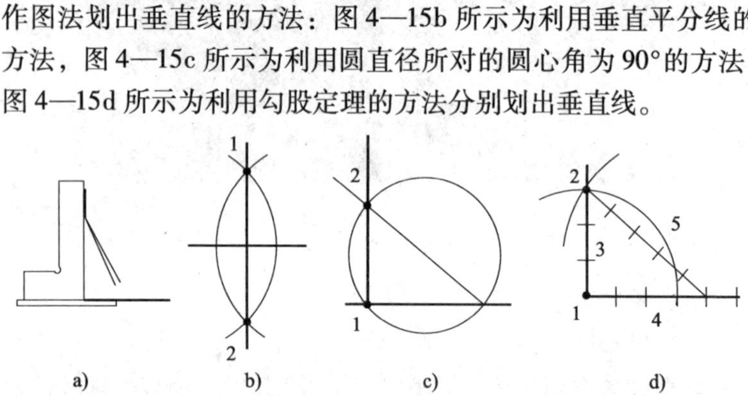

图 4—15　垂直线的划法

3.. 角度线的划法

角度的划法如图 4—16 所示，一般是利用量角器直接划出所需角度，也可用几何法或用计算法来作出所需的角度。

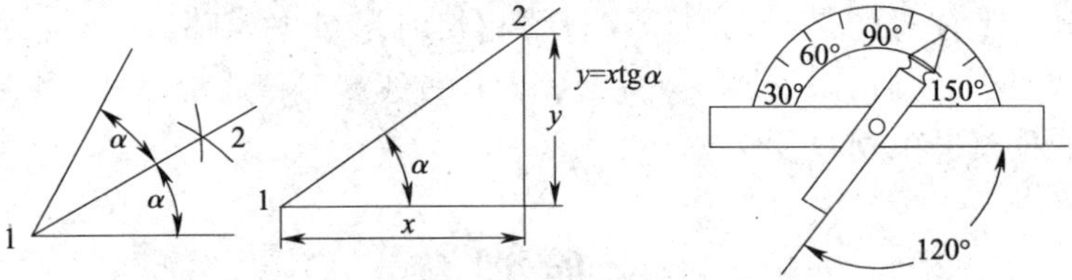

图 4—16　角度线的划法

4. 相切圆弧划法

相切圆弧主要有圆弧线与直线相切以及圆弧与圆弧相切。它的划法如图 4—17 所示。作图过程中主要是先找出连接圆弧的圆心。比如图 4—17a 为两直线连接，分别作它们的平行线，平行

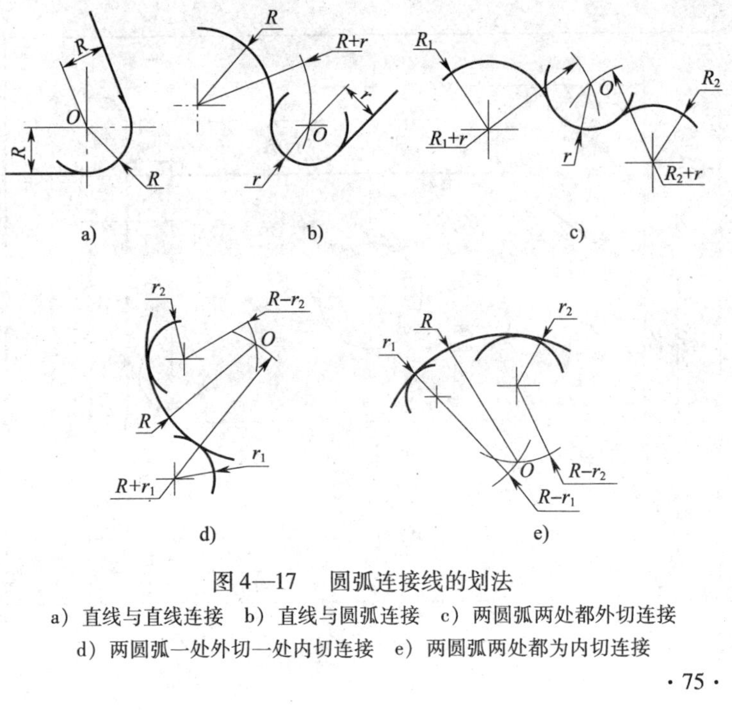

图 4—17　圆弧连接线的划法

a）直线与直线连接　b）直线与圆弧连接　c）两圆弧两处都外切连接

d）两圆弧一处外切一处内切连接　e）两圆弧两处都为内切连接

线的间距为连接圆弧半径 R，两平行线的交点即为圆心。其他四种情况圆心的确定可参见图 4—17b、c、d、e 所示。然后以找出的圆心点作为圆心划半径为连接圆弧半径 R 的圆弧进行连接。其中要注意的是，当圆弧与直线相切时尽量先划圆弧，后划直线。因为圆弧需用划规来完成，而划直线就显得非常容易，这样有助于准确划线及修改。

技能训练

一、平面划线训练

1. 训练内容

要求在厚度为 2 mm、长度为 180 mm、高度为 90 mm 的板料上划出如图 4—18 所示的图形界线。

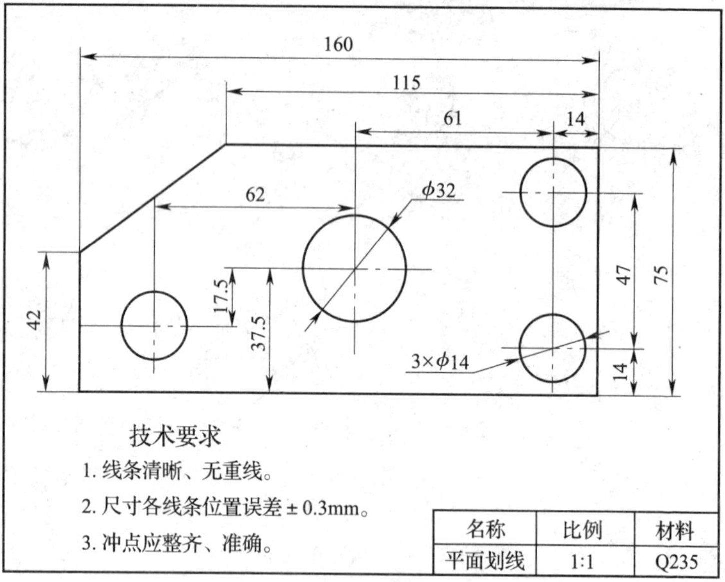

图 4—18　平面划线

（1）检查划线用薄板料，并对板料进行倒棱、去毛刺。

（2）在板料上需划线的地方涂上蓝油或品紫。

（3）合理分布图形，划出图4—19a，检查无误后打上样冲点。

（4）划出图4—19b，检查无误后打上样冲点。

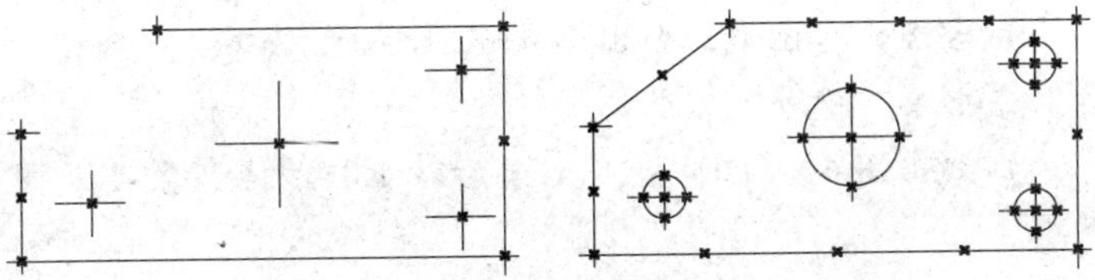

a)　　　　b)

图4—19　作图步骤

2. 技能测评

完成平面划线后，结合表4—1的平面划线评分标准，进行技能测评。

表4—1　　　　平面划线评分标准

序号	技术要求	配分	评分标准	交检记录	分数
1	涂色薄而均匀	5分	总体评定		
2	图形分布合理	6分	每个图形扣3分		
3	线条清晰	12分	每处扣2分		
4	作图步骤、方法正确	8分	错误全扣		
5	线条无重线	12分	每处扣2分		
6	尺寸公差 ±0.3 mm	24分	超差一处扣3分		
7	冲点分布合理、正确	18分	每处扣2分		
8	工具的正确选用及操作姿势	15分	每次扣5分		
9	安全文明生产		不合格扣5分		

二、圆弧平面划线

1．训练内容

在 100 mm × 80 mm × 2 mm 的板料上划出如图 4—20 所示工件加工线。

（1）检查划线用薄板料，并对板料进行倒棱、去毛刺。

（2）在板料上需划线的地方涂上蓝油或品紫。

（3）合理分布图形，划出图 4—21a 中的中心线，检查无误后打上样冲点，即为三个圆心点。

（4）划出图 4—21b，检查无误后打上样冲点，主要是圆的象限点。

（5）划出图 4—21c 所示的三圆弧连接。

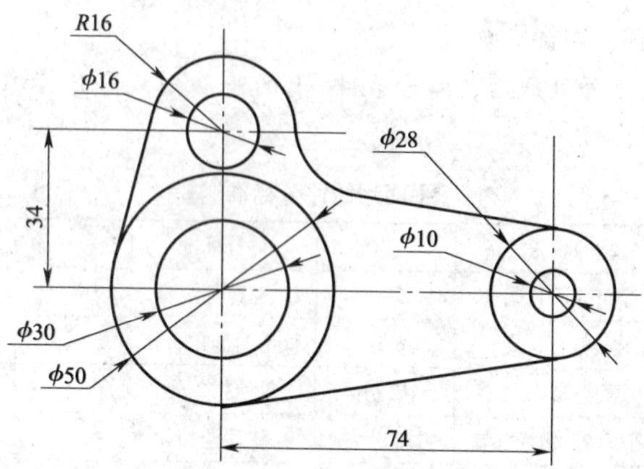

技术要求

1. 线条清晰、无重线。
2. 尺寸各线条位置误差 ± 3mm。
3. 冲点应整齐、准确。
4. 工件上斜边与 ϕ50 圆、ϕ28 圆相切，且连接 R16 圆弧和上斜边的圆弧为相切连接。

名称	比例	材料
平面划线	1:1	Q235

图 4—20　圆弧划线

(6) 对整个线条检查无误后打上样冲点，如图 4—21d 所示。

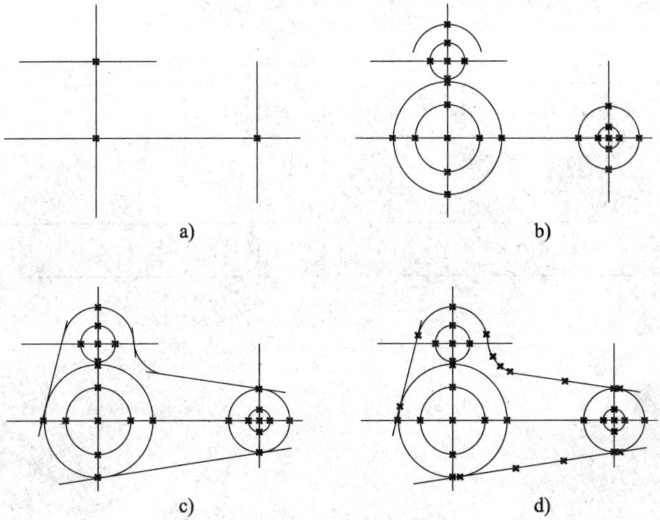

图 4—21　划线步骤

2. 技能测评

完成圆弧平面划线后，结合表 4—2 的圆弧平面划线评分标准，进行技能测评。

表 4—2　　圆弧平面划线评分标准

序号	技术要求	配分	评分标准	交检记录	分数
1	涂色薄而均匀	5 分	总体评定		
2	图形分布合理	8 分	每个图形扣 2 分		
3	线条清晰	10 分	每处扣 2 分		
4	作图步骤、方法正确	8 分	错误全扣		

续表

序号	技术要求	配分	评分标准	交检记录	分数
5	线条无重线	12 分	每处扣 2 分		
6	尺寸公差 ±0.3 mm	24 分	超差一处扣 3 分		
7	冲点分布合理、正确	18 分	每处扣 2 分		
8	工具的正确选用及操作姿势	15 分	每次扣 5 分		
9	安全文明生产		不合格扣 5 分		

第五单元　錾削、锯削和锉削

模块一　錾　　削

培训目标：

1. 掌握錾子的类型及其使用；
2. 掌握平面錾削和直槽錾削的操作要领。

一、錾削概述

用锤子打击錾子对金属工件进行切削的加工方法称为錾削。錾削可以用来进行条料切断、加工凹槽和油槽，如图 5—1 所示。錾削是一种粗加工，一般按所划线进行加工，平面度可控制在 0.5 mm 之内。

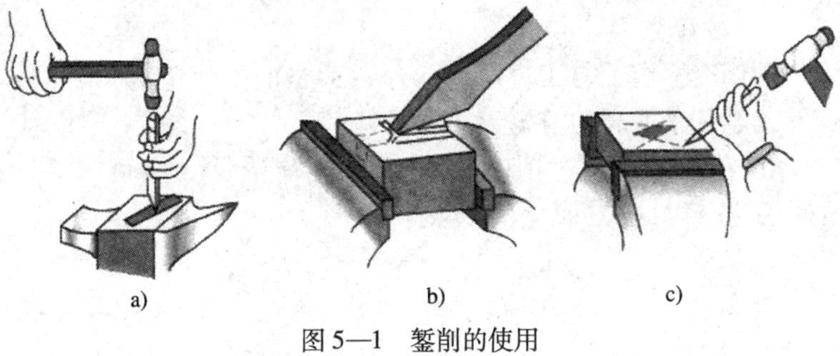

a)　　b)　　c)

图 5—1　錾削的使用

a）用扁錾切断条料　b）用尖錾錾削凹槽　c）用油槽錾錾削平面油槽

1. 錾削工具

錾削工具主要是錾子和锤子。

（1）錾子。錾子是錾削用工具，一般用碳素工具钢锻造而成，如图 5—2 所示。它由切削部分、錾身及錾头构成，切削部分刃磨成楔形，经热处理后硬度达到 56 ~ 62HRC。

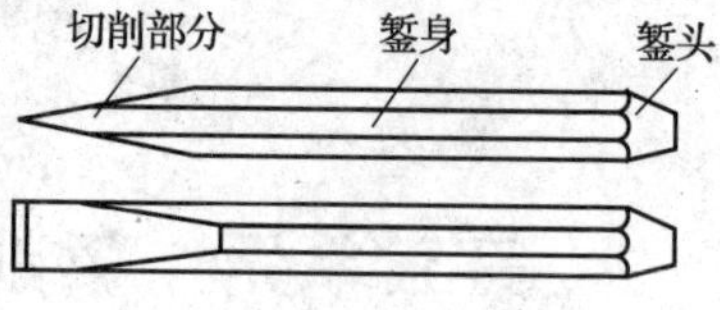

图 5—2　錾子结构

（2）锤子。锤子是钳工常用的敲击工具，它由锤头、木柄和楔子三部分组成，如图5—3所示。锤子的规格用其质量大小表示，钳工常用的有 0.25 kg、0.5 kg 和 1 kg 等几种。锤头用碳素工具钢制成，并经淬硬处理。木柄用硬而不脆的木材制成，如胡桃木等，其长度应根据不同规格的锤头选用。

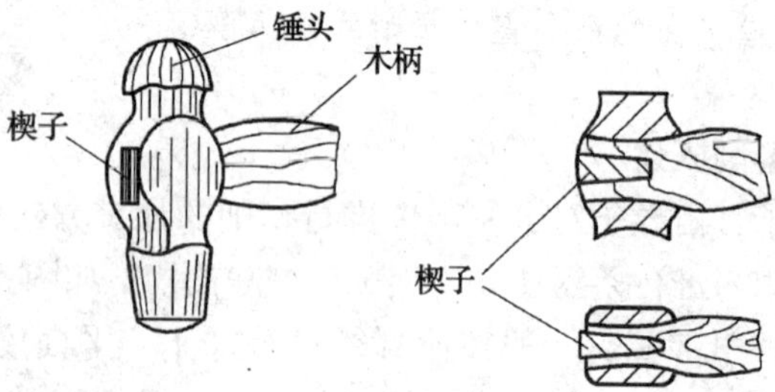

图 5—3　锤子

2. 錾削角度

錾削时，錾子与工件之间应形成适当的切削角度。图 5—4 所示为錾削平面时的情况。

（1）楔角 β_0。錾削时，錾子的前刀面与后刀面之间的夹角称为楔角。

楔角的大小对錾削有着直接的影响，一般楔角越小，錾削越省力。但楔角过小，会造成刃口较薄弱，加工时容易产生崩损现象；但楔角过大时，

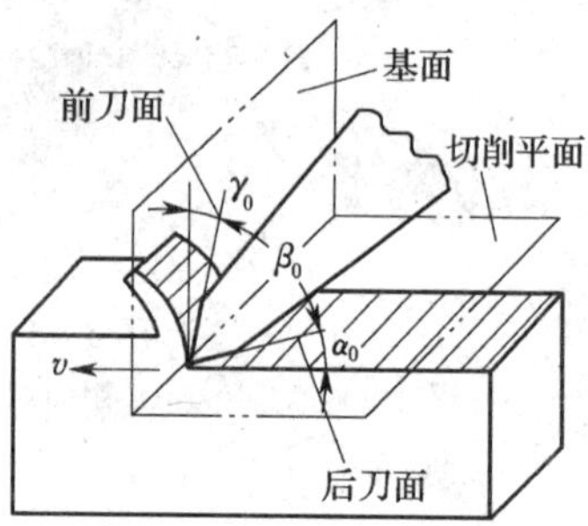

图 5—4　錾削角度

錾切又较费力，錾切的表面也不容易平整。通常根据工件材料软硬程度的不同，选取不同的楔角数值：錾削硬钢或铸铁时，楔角取 60°~70°；錾削一般钢料和中等硬度材料时，楔角取 50°~60°；錾削铜、铝等软材料时，楔角取 30°~50°。

（2）后角 α_0。錾削时，錾子的后刀面与切削平面之间的夹角称为后角。

后角的大小取决于錾子被掌握的方向，其作用是为了减少錾子在切削加工过程中后刀面与切削表面之间的摩擦，引导錾子能够顺利錾切。一般錾削时后角取 5°~8°。后角太大会使錾子切入工件表面过深，錾切困难；而后角太小会造成錾子容易滑出工件表面，不能切入。

（3）前角 γ_0。錾削时，錾子的前刀面与基面之间所产生的夹角称为前角。其作用是减少錾削时的切屑变形，使切削省力。前角越大，切削越省力。

从图 5—4 中可以看出，由于基面与切削平面是一组相互垂直的表面，錾削时形成的三个角度之间存在 $\alpha_0 + \beta_0 + \gamma_0 = 90°$ 的关系，当后角 α_0 一定时，前角 γ_0 的数值由楔角 β_0 的大小决定。

二、錾子的刃磨

1. *錾子的刃磨要求*

錾子的几何形状以及合理的切削角度值需要根据使用用途和加工材料的性质来决定。

2. *刃磨方法*

双手握持錾子，在砂轮的轮缘上进行刃磨。刃磨时必须使切削刃略高于砂轮中心，并在砂轮全宽上作左右移动，一定要控制好錾子的位置和方向，保证所磨楔角符合使用要求，如图 5—5 所示。錾子前后两面应交替刃磨，要求对称。加载在錾子上的压力不宜过大，左右移动要平稳、均匀，并经常蘸水冷却，如图 5—6 所示，以防止退火。检查楔角是否符合要求时，可采用样板检查或目测来判断。

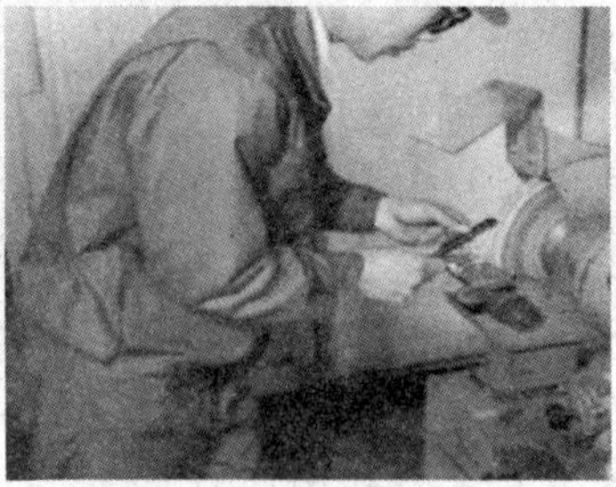

图 5—5　錾子的刃磨

图 5—6　錾子的冷却

三、錾削操作

1. 锤子的握法

（1）紧握法。用右手五指紧握锤柄，大拇指合在食指上，虎口对准锤头方向（木柄椭圆的长轴方向），木柄尾端露出15 ~ 30 mm。在挥锤和锤击过程中，五指始终紧握锤柄，如图 5—7 所示。

（2）松握法。即只用大拇指和食指始终握紧锤柄。在挥锤时，小指、无名指、中指则依次放松；在锤击时，又以相反的次序收拢握紧，如图 5—8 所示。松握法的优点是手不易疲劳，而且锤击力大。

图 5—7　锤子紧握法

图 5—8　锤子松握法

2. 錾子的握法

（1）正握法。手心向下，腕部伸直，用中指、无名指握住錾子，小指自然合拢，食指和大拇指自然伸直地松靠，錾子头部伸出约 20 mm，如图 5—9 所示。

（2）反握法。手心向上，手指自然捏住錾子，手掌悬空，如图 5—10 所示。

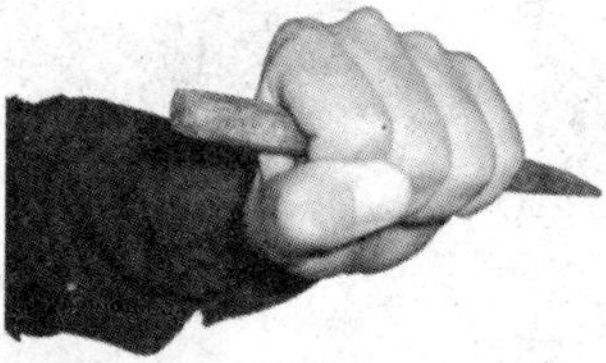

图 5—9　錾子正握法

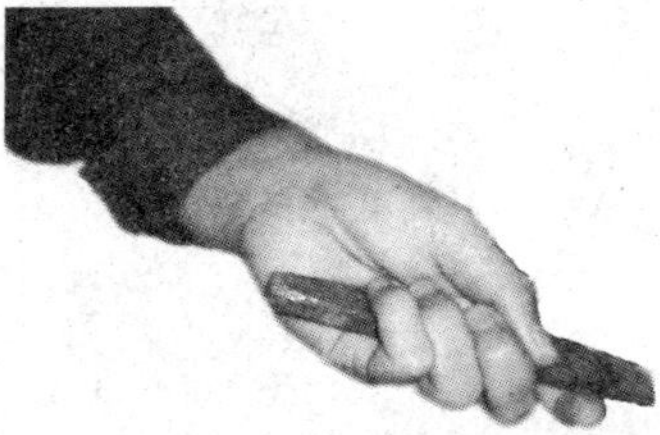

图 5—10　錾子反握法

3．站立姿势

操作时的站立姿势如图 5—11 所示。身体与台虎钳中心线大致成 45°角，且略向前倾，左脚跨前半步，膝盖处稍有弯曲，右脚要站稳伸直，不要过于用力。

4．挥锤方法

挥锤有腕挥、肘挥和臂挥三种方法。

腕挥（图 5—12a）是仅用手腕的动作进行锤击运动，采用紧握法握锤，一般用于余量较少以及錾削开始或结尾的时候。

肘挥（图 5—12b）是用手腕与肘部一起挥动作锤击运动，采用松握法握锤，因挥动幅度较大，故锤击力也较大，这种方法应用最多。

臂挥（图 5—12c）是手腕、肘和手臂一起挥动，其锤击力最大。

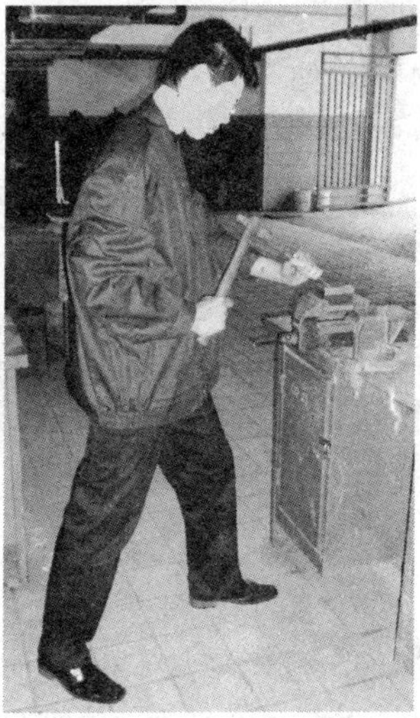

图 5—11　站立姿势

图 5—12　挥锤方法

a）腕挥　b）肘挥　c）臂挥

5. 锤击速度

錾削时的锤击要稳、准、狠，其动作要一下一下有节奏地进行，一般在肘挥时约 40 次/分钟，腕挥时约为 50 次/分钟。

6. 锤击要领

（1）挥锤：肘收臂提，举锤过肩；手腕后弓，三指微松；锤面朝天，稍停瞬间。

（2）锤击：目视錾刃，臂肘齐下；收紧三指，手腕加劲；锤錾一线，锤走弧线；左脚着力，右腿伸直。

（3）要求：稳——速度节奏约 40 次/分钟；准——命中率高；狠——锤击有力。

四、安全注意事项

1. 錾削时工件在台虎钳中必须夹紧，伸出高度一般以离钳口 10 ~ 15 mm 为宜，同时下面要加木衬垫。

2. 发现锤子木柄有松动或损坏时，要立即装牢或更换；木柄上不应沾有油，以免使用中滑脱。

3. 錾子头部有明显的毛刺时，应及时磨去。

4. 起錾应从工件的边缘尖角处轻轻地起錾，将錾子向下倾斜，先錾出一小斜面，然后开始正常錾削，如图 5—13a 所示。必须正面起錾时，此时錾子刃口要贴住工件断面，錾子仍向下倾斜，待錾出一小斜面后，再按正常角度錾削，如图 5—13b 所示。

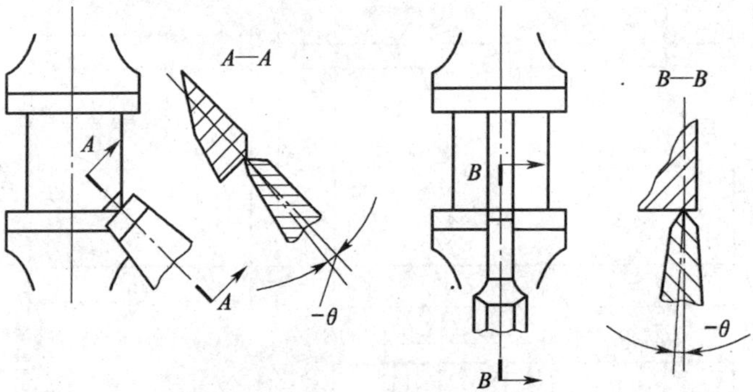

a）　　　　　　　　　b）

图 5—13　起錾方法

5．在錾削过程中，一般每錾削两三次后，可将錾子退后一些，作一次短暂的停顿，然后再将刃口顶住錾削处继续錾削。

6．当錾削距尽头 10 ~ 15 mm 时，必须掉头錾去余下的部分，以防工件边缘崩裂，如图 5—14 所示。

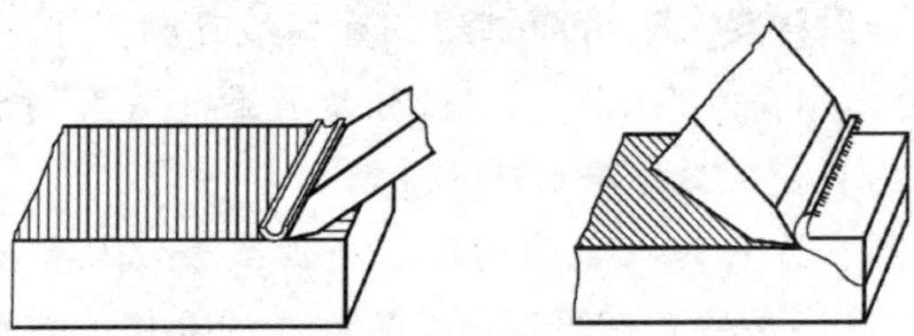

a)　　　　　　　　　b)

图 5—14　终錾方法

a）正确　b）错误

技 能 训 练

一、训练内容

使用材料为灰铸铁 HT250，尺寸为 71 mm × 40 mm × 40 mm，錾削直槽如图 5—15 所示。

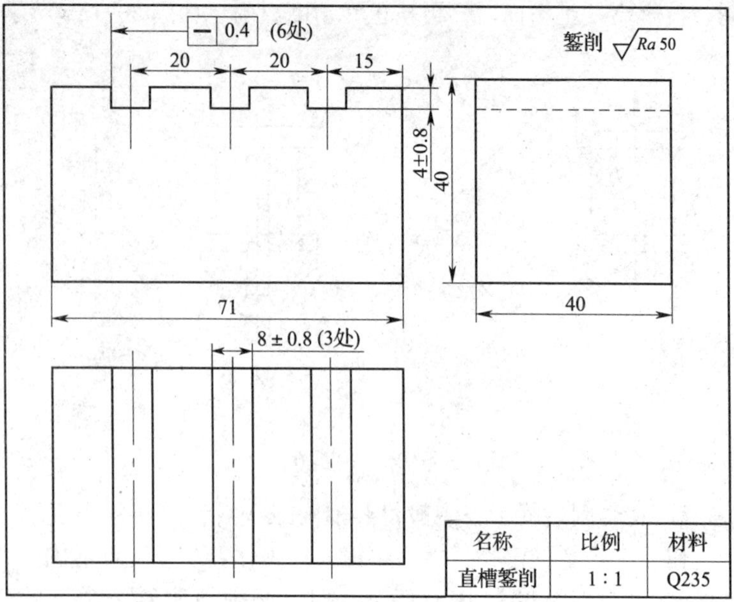

图 5—15　錾削直槽

1. 根据图样要求划出加工线，直槽线可利用平板和划线盘划出，也可以用高度划线尺划出，划线效果如图 5—16 所示。

2. 根据直槽宽度修磨好狭錾。

3. 錾第一条槽，从正面起錾，先沿线条以 0.5 mm 的錾削量錾削第一遍，再按直槽深度分批錾削，最后作平整修整。要求使直线度误差≤0.4 mm、符合槽深（4 ±0.8）mm、表面粗糙度 *Ra* 值≤50 μm。

采用腕挥，挥锤用力大小要适当，防止錾子刃端崩裂。同时，用力轻重应一致，以保证槽底的平整。

最终效果图如图 5—17 所示。

二、技能测评

完成錾削直槽后，结合表 5—1 的錾削直槽评分标准，进行技能测评。

图 5—16　錾直槽划线图

图 5—17　錾直槽最终效果图

表 5—1　　　　　　　錾削直槽评分标准

序号	技 术 要 求	配分	评分标准	交检记录	分数
1	(8 ±0.8) mm (3 处)	18 分	每超差一处扣 6 分		
2	⏤ 0.4 (6 处)	18 分	每超差一处扣 3 分		
3	(4 ±0.8) mm (3 处)	18 分	每超差一处扣 6 分		
4	錾痕整齐 (9 面)	18 分	每超差一处扣 2 分		
5	錾削姿势正确	12 分	酌情扣分		
6	加工线条清晰	16 分	酌情扣分		
7	安全文明生产		酌情扣分		

模块二　锯　　削

培训目标：

1. 掌握锯削的概念；
2. 掌握锯削工具的使用；
3. 掌握锯削的操作要领。

一、锯削概述

用锯对材料或工件进行切断或切槽等的加工方法，称为锯削。它可以锯断各种原料或半成品，锯掉工件上多余部分或在工件上锯槽等，如图 5—18 所示。

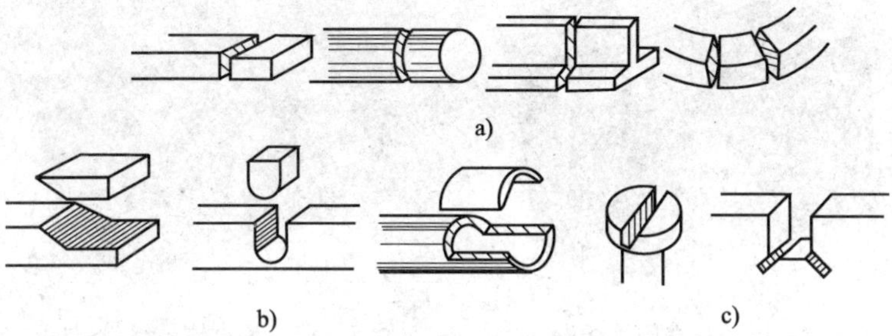

图 5—18　锯削的应用

a）锯断材料　b）去除多余部分　c）锯削沟槽

1．手锯

手锯由锯弓和锯条两部分组成。

（1）锯弓。锯弓用于安装和张紧锯条，有可调式（图 5—19a）和固定式（图 5—19b）两种。固定式锯弓只能安装一种长度的锯条；可调式锯弓的安装距离可以调节，能安装几种长度的锯条。锯弓两端都装有夹头，一端是固定的，一端为活动的。当锯条装在两端夹头销子上后，旋紧活动夹头上的蝶形螺母就可以把锯条拉紧。

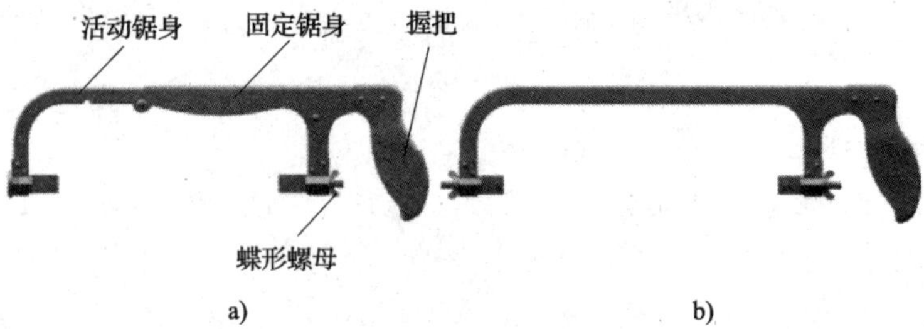

图 5—19　锯弓

a）可调式锯弓　b）固定式锯弓

（2）锯条。锯条一般用渗碳软钢冷轧而成，经热处理淬硬。锯条的长度以两端安装孔中心距来表示，常用的为 300 mm，如图 5—20 所示。锯条单面有齿，相当于一排同样形状的錾子，每个齿都有切削作用。为了减小锯条的内应力，充分利用锯条材料，目前已出现双面有齿的锯条。两边锯齿淬硬，中间保持较好韧性，不易折断，可延长使用寿命。

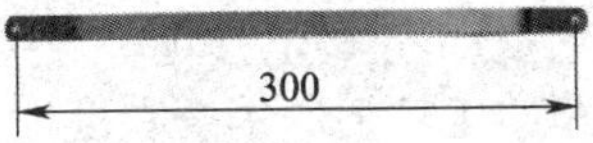

图 5—20　普通手用锯条

2．锯齿的粗细

锯齿的粗细是以锯条每 25 mm 长度内的齿数来表示的。一般分粗、中、细三种。锯齿的粗细规格及应用见表 5—2。

表 5—2　　锯齿的粗细规格及应用

类别	每 25 mm 长度内齿数	应　用
粗	14 ~ 18	锯削软钢、黄铜、铝、铸铁、紫铜、人造胶质材料
中	22 ~ 24	锯削中等硬度钢、厚壁的钢管、铜管
细	32	薄片金属、薄壁管子
细变中	32 ~ 20	一般工厂中常用，易于起锯

一般来说，粗齿锯条的容屑槽较大，适用于锯削软材料或较大的切面，因为这种工况每锯一次的切屑较多，只有大容屑槽才不致发生堵塞而影响锯削效率。

锯削硬材料或切面较小的工件时应该用细齿锯条，这是因为硬材料不易锯入，每锯一次切屑较少，不易堵塞容屑槽，同时，细齿锯参加切削的锯齿增多，可使每齿担负的锯削量小，锯削阻力小，材料易于切除，推锯省力，锯齿也不易磨损。

锯削管子和薄板时，必须用细齿锯条，否则会因齿距大于板厚，使锯齿被钩住而崩断。因此，锯削时截面上至少要有两个以上的锯齿同时参加切削，才能避免锯齿被钩住而崩断的现象。

3．锯路

为减少锯缝两侧面对锯条的摩擦阻力，避免锯条被夹住或折断，锯条在制造时，使锯齿按一定的规律左右错开，排列成一定形状，称为锯路，如图 5—21 所示。锯路有交叉形和波浪形等。锯路使工件上的锯缝宽度大于锯条背部的厚度，从而防止了夹锯和锯条过热，减少了锯条磨损。

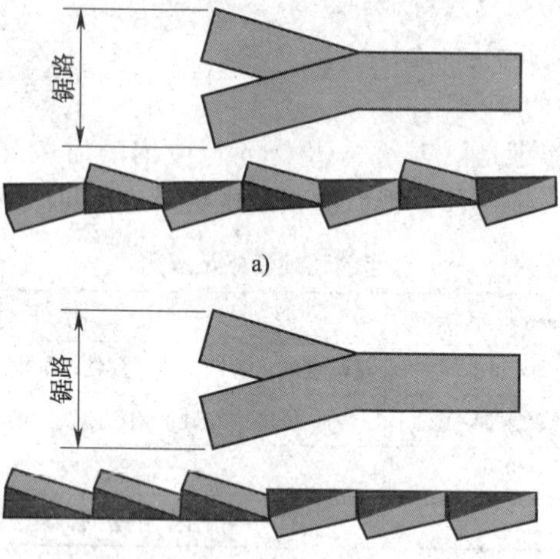

图 5—21　锯路

a）交叉形　b）波浪形

二、锯削操作

1. 锯削姿势

（1）锯削时的站立姿势。操作人员身体与台虎钳中心线大致成 45° 角，并略向前倾。两脚分开与台虎钳中心线互成一定角度，左脚跨前半步，膝盖处弯曲成弓步。锯削操作时，身体重心落于左脚，右脚站稳绷直，起支撑作用，保持身体平衡。

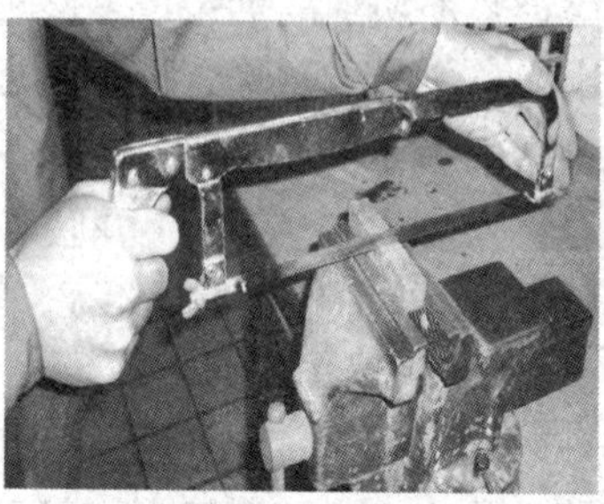

图 5—22　握锯姿势

（2）握锯姿势。如图 5—22

所示，右手满握锯弓握把，左手轻扶锯弓前端，保持锯弓平稳。

2. 锯削方法

（1）锯条的安装。锯条的安装方向需正确，如图 5—23 所示，否则将影响正常的切削加工。调节蝶形螺母改变张紧力，使张紧力适当。过紧，锯条受力太大，容易产生锯条折断现象；过松，锯条会产生扭曲现象，造成锯缝歪斜。

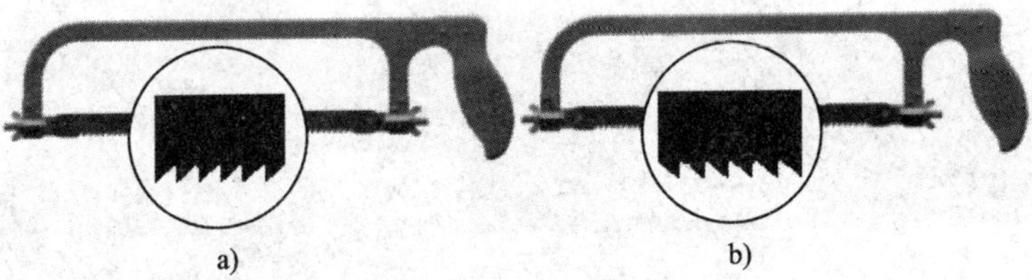

图 5—23　锯条的安装

a）正确　b）错误

（2）工件的装夹。为防止工件在锯削时产生振动，工件伸出钳口不应过长，一般锯缝离钳口侧面约20 mm，如图 5—24 所示，锯缝线应与钳口侧面保持平行，以保证锯削精度。

（3）起锯方法。常用起锯方法有远起锯和近起锯两种，如图 5—25 所示。

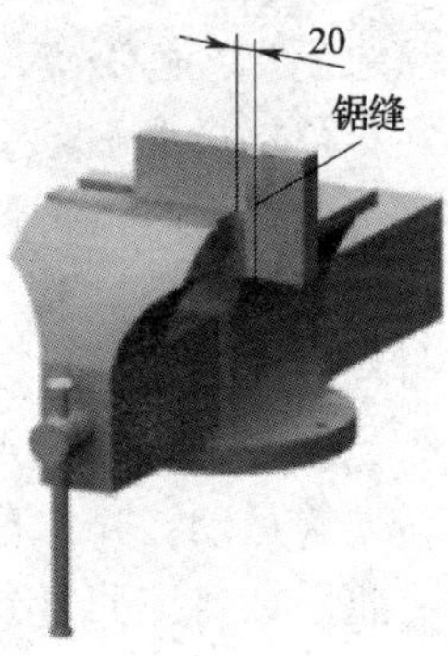

图 5—24　工件装夹

起锯角 θ 应选择适当，一般控制在 15°左右，如图 5—26a 所示。若起锯角选择较大，则起锯不平稳，尤其在近起锯时容易产生崩齿现象（图 5—26b）；起锯角选择较小，锯条与工件同时接触的锯齿数较多，容易引发锯条偏移，降低起锯精度。

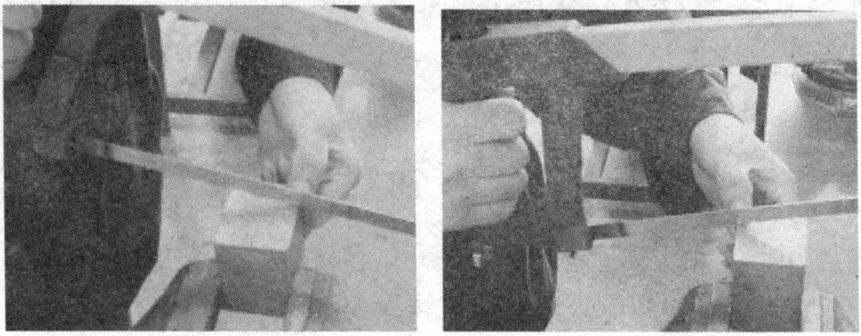

a)　　　　　　　　　　b)

图 5—25　起锯方法

a）远起锯　b）近起锯

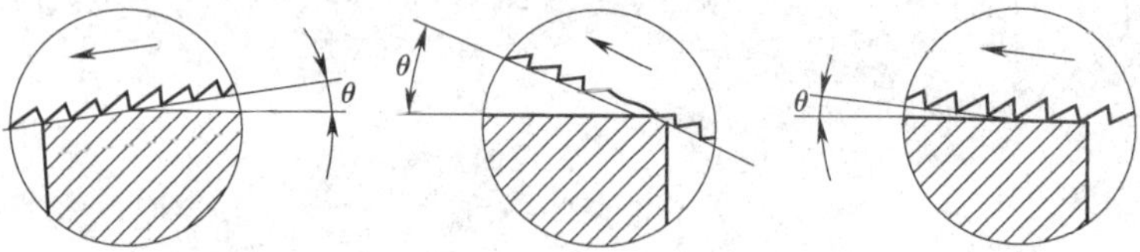

a)　　　　　　　　　　b)　　　　　　　　　　c)

图 5—26　起锯的角度

a）远起锯　b）起锯角太大　c）近起锯

（4）锯削动作。锯削时，右腿站直，左腿略有弯曲，身体前倾约 10°，重心落于左腿。双手正确握住锯弓，左臂略有弯曲、右臂尽量向后收，保持与锯削方向平行，如图 5—27a 所示。向前锯削时，身体与锯弓一起向前运动，左腿向前弯曲，右腿伸直向前倾，重心落于左腿，如图 5—27b 所示。随着锯弓行程的继续推进，身体倾斜角度随之增大，如图 5—27c 所示。当锯弓推进约 3/4 行程时，身体停止前进，两臂继续推动锯弓向前运动，身体重心慢慢后移，锯削行程结束后，取消压力，将手和身体回复到初始位置，作第二次锯削，如图 5—27d 所示。

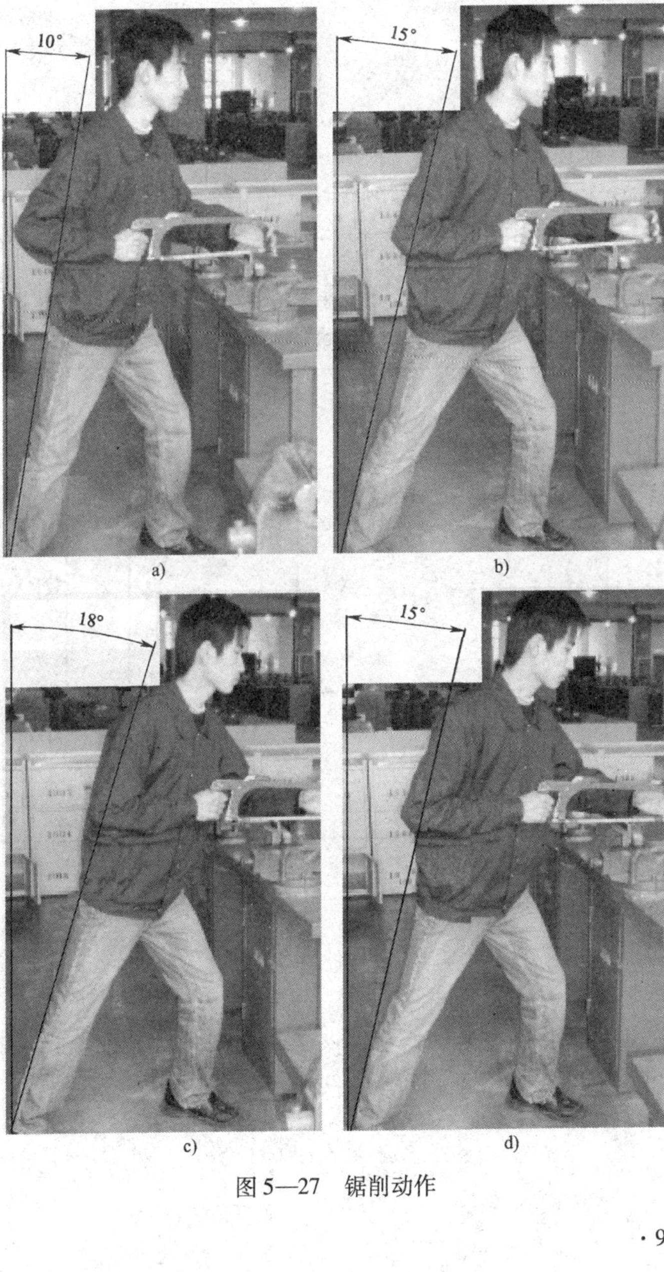

图 5—27　锯削动作

技能训练

一、训练内容

完成如图 5—28 所示锯削练习。

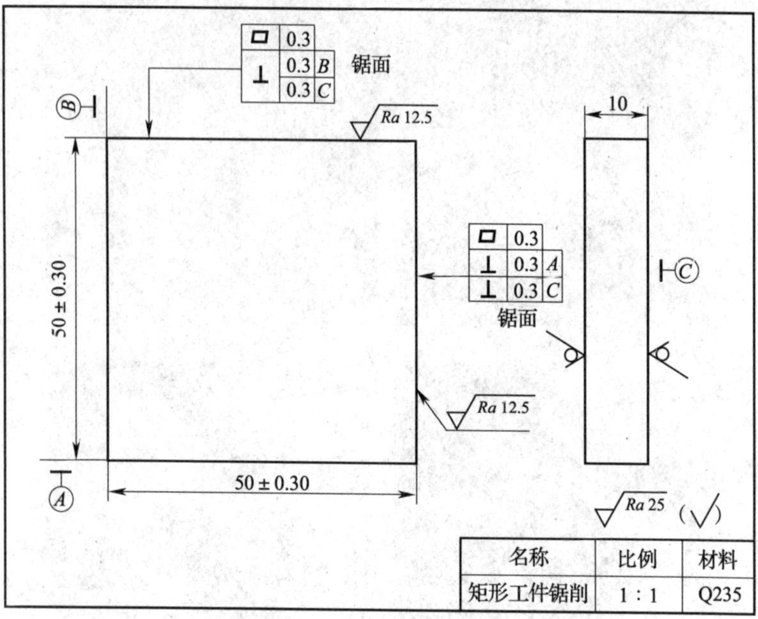

图 5—28　矩形工件锯削

1. 检查划线基准，如图 5—29a 所示。

2. 利用高度划线尺划出工件加工的轮廓线，如图 5—29b 所示。

3. 起锯并检查起锯精度，以保证加工尺寸的准确性，如图 5—29c 所示。

4. 锯削加工。

5. 检查工件尺寸。

6. 去除棱边毛刺，如图 5—29d 所示。

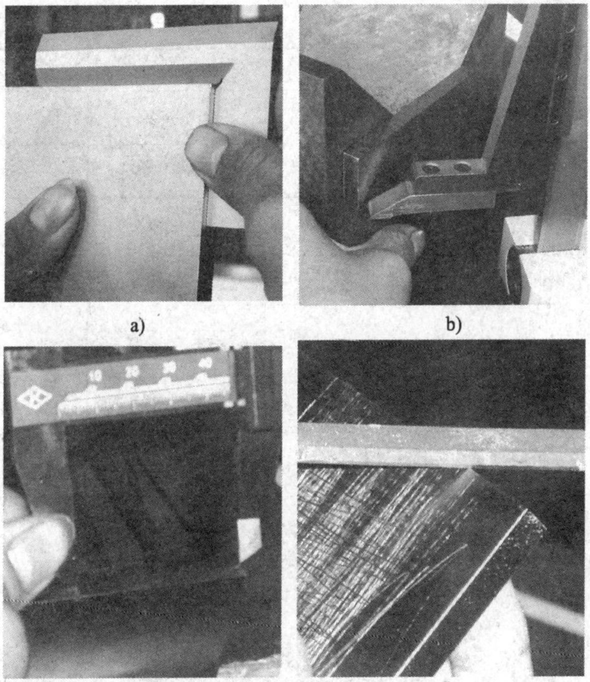

a)　b)　c)　d)

图 5—29　零件加工

a）检查划线基准　b）划轮廓线　c）检查起锯尺寸　d）去毛刺

二、技能测评

完成锯削作业后，结合表 5—3 的锯削作业评分标准，进行技能测评。

表 5—3　　锯削作业评分标准

序号	技术要求	配分	评分标准	交检记录	分数
1	锯条安装正确	7 分	不合格不得分		
2	锯条安装松紧合适	7 分	不合格不得分		
3	站立姿势正确	7 分	不合格不得分		
4	握锯方法正确	7 分	不合格不得分		

续表

序号	技术要求	配分	评分标准	交检记录	分数
5	起锯方法正确	6分	不合格不得分		
6	锯削动作正确	6分	不合格不得分		
7	⊥ 0.3 *B*	6分	超差不得分		
8	(50±0.30) mm (2处)	12分	超差一处扣6分		
9	⊥ 0.3 *A*	6分	超差不得分		
10	▱ 0.3 (2处)	12分	超差一处扣6分		
11	⊥ 0.3 *C* (2处)	12分	超差一处扣6分		
12	$\sqrt{Ra\,12.5}$ (2处)	12分	一处不合格扣6分		

模块三　锉　　削

培训目标：

1. 掌握锉削的概念；
2. 掌握各种锉刀的使用方法；
3. 掌握平面锉削的方法。

用锉刀对工件表面进行切削加工叫做锉削。锉削一般是在錾削、锯削之后对工件进行的精度较高的加工，其精度可达0.01 mm，表面粗糙度 *Ra* 值可达0.8 μm。

锉削的应用范围很广，可以锉削平面、曲面、外表面、内孔、沟槽和各种复杂表面，如图5—30所示，还可以配键、做样板及在装配中修配工件，是钳工重要操作之一。

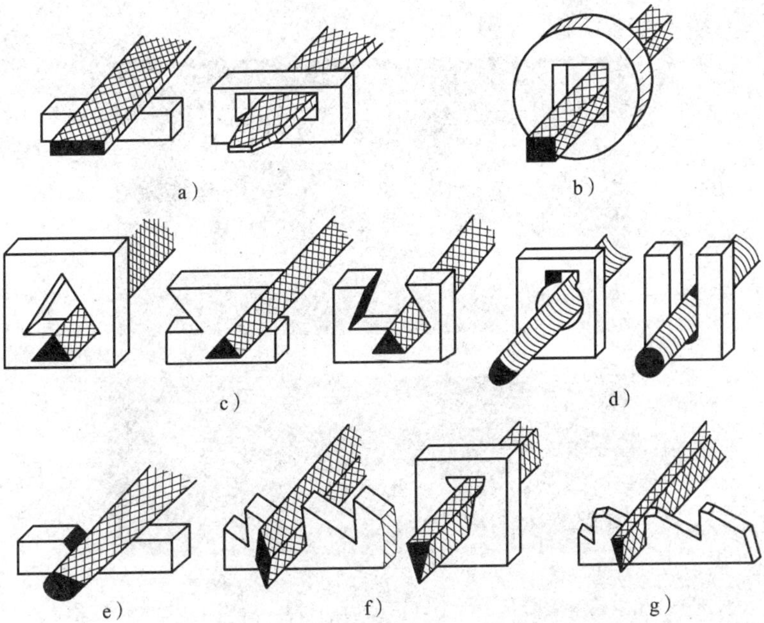

图 5—30　不同加工表面使用的锉刀

a）平锉　b）方锉　c）三角错　d）圆锉

e）半圆锉　f）菱形锉　g）刀口锉

一、锉刀

锉刀用高碳工具钢 T13 或 T12 制成，经热处理后切削部分硬度可达 62 ~ 72HRC。

1. 锉刀的构造

锉刀由锉身和锉柄两部分组成，如图 5—31 所示。锉刀面是锉削的主要工作面。锉刀面在前端做成凸弧形，上下两面都制有锉齿，便于进行锉削。

锉刀边是指锉刀的两个侧面，有的没有齿，有的其中一边有齿。没有齿的一边叫光边，用它锉削内直角的一个面时，不会碰伤另一相邻的面。

锉刀舌是用来安装锉刀柄的。锉柄是木质时，在安装孔的外部应套有铁箍。图 5—31 所示为锉刀的拆装。

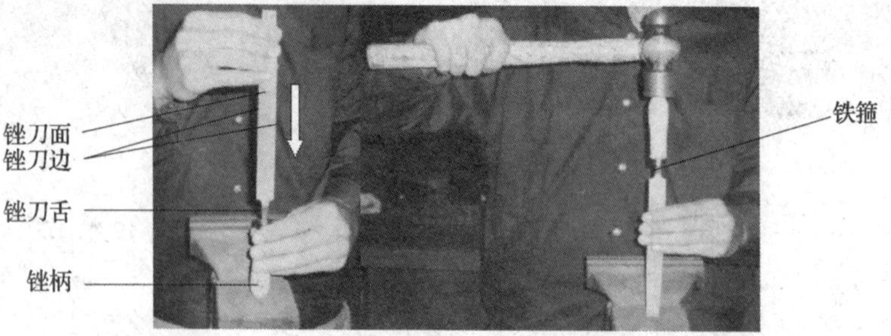

a)

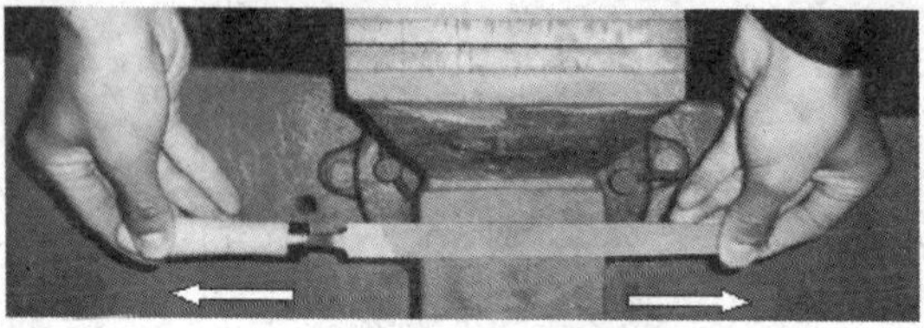

b)

图 5—31　锉刀的拆装

a）锉刀的安装　b）锉刀的拆卸

2．锉齿和锉纹

锉齿有剁齿和铣齿两种。剁齿切削角大于 90°，铣齿切削角小于 90°。锉削时每个锉齿相当于一把錾子，对金属材料进行切削。切削角是指前刀面与切削平面之间的夹角，其大小反映切屑流动的难易程度及刀具切入是否省力。

锉齿纹是锉齿排列的图案。锉刀的齿纹有单齿纹和双齿纹两种，如图 5—32 所示。

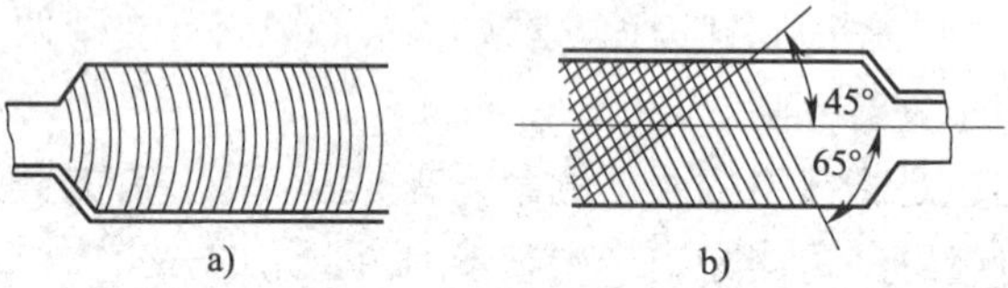

a)　　b)

图 5—32　锉刀的齿纹

a）单齿纹　b）双齿纹

单齿纹是指锉刀上只有一个方向的齿纹，单齿纹多为铣齿，正前角切削，齿的强度弱，全齿宽同时参加切削，需要较大切削力，因此适用于锉削软材料。

双齿纹是指锉刀上有两个方向排列的齿纹。双齿纹大多为剁齿，先剁上去的为底齿纹，齿纹浅，后剁上去的为面齿纹，齿纹深，面齿纹和底齿纹的方向和角度均不一样。这样形成的锉齿，沿锉刀中心线方向形成倾斜和有规律的排列。锉削时，每个齿的锉痕交错而不重叠，锉面比较光滑，锉削时切屑是碎断的，比较省力，锉齿强度也高，适于锉削硬材料。

3. 锉刀的种类

钳工所用的锉刀按其用途不同，可分为普通钳工锉（图5—33）、整形锉和异形锉三类。

图 5—33　普通钳工锉断面形状

异形锉是用来锉削工件特殊表面用的。有刀口锉、菱形锉、扁三角锉、椭圆锉、圆肚锉等，如图 5—34 所示。

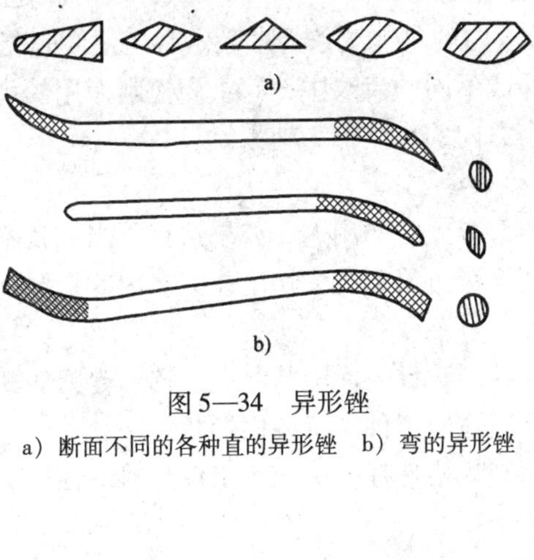

图 5—34　异形锉

a）断面不同的各种直的异形锉　b）弯的异形锉

整形锉又叫什锦锉或组锉，因分组配备各种断面形状的小锉而得名，主要用于修整工件上的细小部分。图 5—35 所示为整形锉的各种形状，通常以 5 把、6 把、10 把或 12 把为一组。

图 5—35　整形锉

4．锉刀的规格

锉刀的规格分尺寸规格和齿纹的粗细规格。

不同锉刀的尺寸规格用不同的参数表示。圆锉刀的尺寸规格以其断面直径表示；方锉刀的尺寸规格以方形尺寸表示；其他锉刀则以锉身长度表示其尺寸规格。钳工常用的锉刀有 100 mm、125 mm、150 mm、250 mm、300 mm、350 mm、400 mm 等几种。

锉齿的粗细规格，按国标 GB 5805—86 规定，以锉刀每 10 mm轴向长度内的主锉纹条数来表示。主锉纹是指锉刀上两个方向排列的深浅不同的齿纹中，起主要锉削作用的齿纹。起分屑作用的另一个方向的齿纹称为辅齿纹。

5．锉刀的选择

每种锉刀都有一定的用途，如果选择不当，就不能充分发挥它的效能，甚至会过早地丧失切削能力。因此，锉削之前必须正确地选择锉刀。

应根据被锉削工件表面形状和大小选用锉刀的断面形状和长度。锉刀形状应适应工件加工表面形状。

锉刀的粗细规格选择，决定于工件材料的性质、加工余量的大小、加工精度和表面粗糙度要求的高低。例如，粗锉刀由于齿距较大不易堵塞，一般用于锉削铜、铝等软材料及加工余量大、精度低和表面粗糙的工件；而细锉刀则用于锉削钢、铸铁以及加工余量小、精度要求高和表面粗糙度值小的工件；油光锉用于修光工件表面。

各种粗细规格的锉刀适宜的加工余量和所能达到的加工精度和表面粗糙度，见表5—4。

表5—4　　锉刀粗细规格的选用

锉刀粗细	适用场合		
	锉削余量/mm	尺寸精度/mm	表面粗糙度 Ra/μm
1号（粗齿锉刀）	0.5～1	0.2～0.5	100～25
2号（中齿锉刀）	0.2～0.5	0.05～0.2	25～6.3
3号（细齿锉刀）	0.1～0.3	0.02～0.05	12.5～3.2
4号（双细齿锉刀）	0.1～0.2	0.01～0.02	6.3～1.6
5号（油光锉）	0.1以下	0.01	1.6～0.8

二、锉削操作

1．握锉姿势

（1）右手握锉姿势。如图5—36所示，锉刀柄端抵在右手拇指根部的手掌上，大拇指放在锉刀柄上部，其余手指由下而上顺势握住锉刀柄。握锉时应注意不可将锉刀柄握死，用力点应落于掌心。

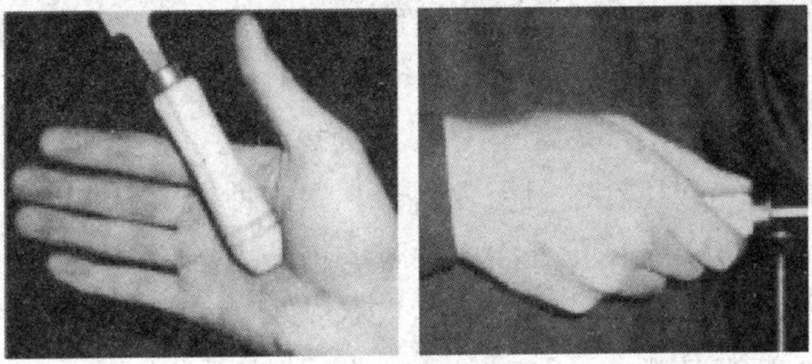

图5—36　右手握锉姿势

（2）左手握锉姿势

1）大板锉握锉姿势。大板锉的握姿常采用“压齿法”，如图 5—37a 所示。左手掌面压住锉刀头部，手指作自然弯曲放置。

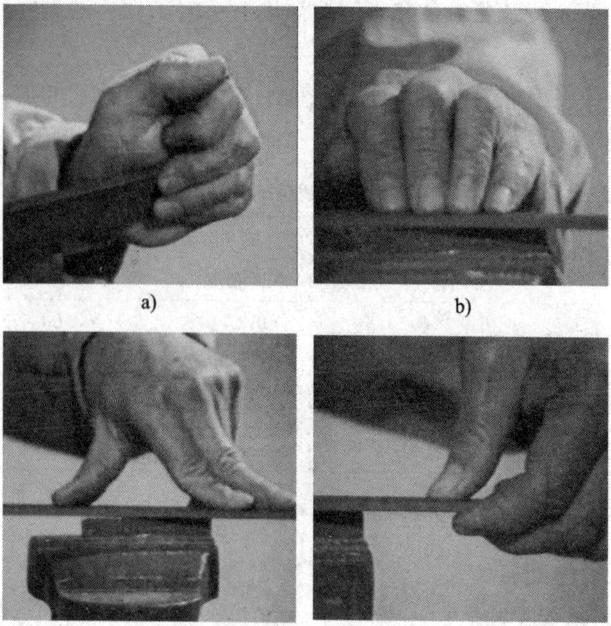

a)　b)　c)　d)

图 5—37　左手锉刀握法

由于压齿法锉削时，左手作用于锉刀上的力较大，产生的切削力较大，所以加工效率较高，但加工精度较低，一般用于粗加工。

2）小板锉握锉姿势

①压齿法。图 5—37b、c 所示为压齿法握锉姿势。大拇指、食指和中指一起压在锉刀上表面，利用这种加工方法能获得比较高的加工精度，常用于锉面较大时的精加工场合。

②扣齿法。图 5—37d 所示为扣齿法握锉姿势。左手食指和中指向下弯曲扣住锉刀下表面，大拇指压在锉刀上表面，锉削时，

作用在工件表面上的切削力较小，能获得较好的表面质量，但锉面直线度精度较难控制，一般用于锉面较小时的精加工场合。

2. 平面锉削方法

（1）顺向锉。顺向锉有横向锉和纵向锉两种锉削方法。

图 5—38a 所示为横向锉，锉削时锉刀运动方向与工件的长度方向相垂直。由于每一次锉削时锉刀与工件表面的接触面积比较小，因而产生的切削力较大，能快速去除工件表面上多余的加工余量，但加工后工件表面质量较差，所以这种锉削方法一般应用于粗加工场合，当锉削面受到限制时，也可用于精加工。

a)　　b)

c)　　d)

图 5—38　锉削方法

a）横向锉　b）纵向锉　c）交叉锉　d）推锉

图 5—38b 所示为纵向锉，锉削时锉刀运动方向与工件的长度方向相平行。纵向锉时锉刀与工件表面接触面积较大，产生的切削力较小，所以每一次去除的加工余量较小，但能获得较小的表面粗糙度值，一般用于零件的精加工场合。

（2）交叉锉。如图 5—38c 所示，交叉锉主要用于方钢或圆钢零件的端面锉削。锉削时通过不断改变锉削方向以提高工件端面的平面度精度，但锉面纹路比较凌乱，所获得的表面质量较差，一般应用于粗加工。

（3）推锉。图 5—38d 所示为推锉，主要用于一些无法用前面的方法加工的曲面，或用作精加工。其切削量很小。

3. 锉削姿势

如图 5—39a 所示，起锉时两手握住锉刀放在工件上面，左臂弯曲，小臂与工件锉削面的左右方向保持基本平行，右小臂要与工件锉削面的前后方向保持基本平行，身体略向前倾，与铅垂线保持 10°左右。锉削时，身体前倾，与锉刀一起向前，右腿伸直，并在两手锉削作用下带动身体继续前倾，与铅垂线保持 15°左右（图 5—39b）。当锉刀锉至约 3/4 行程时，身体停止前进，此时身体倾斜角度约保持为 18°左右（图 5—39c）。两臂继续将锉刀向前推锉到头，同时，左腿自然伸直并随着锉削时的反作用力，将身体重心后移，使身体恢复原位，并顺势将锉刀收回。当锉刀收回将近结束又开始第二次锉削的向前运动。

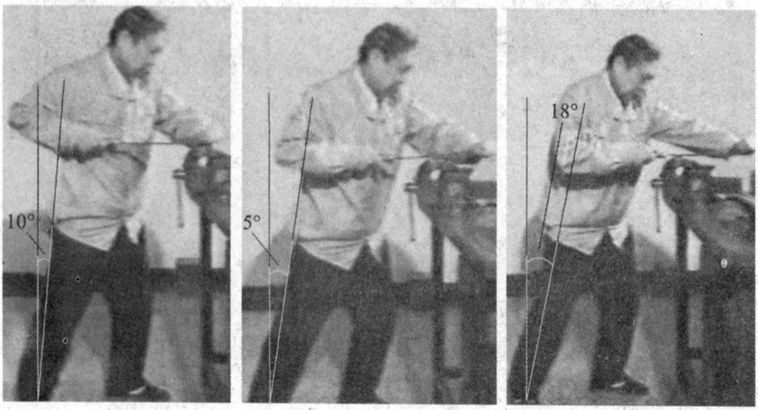

a)　　b)　　c)

图 5—39　锉削动作

技能训练

一、训练内容

加工如图5—40所示T形工件，备料尺寸为71 mm×51 mm×10 mm的长方体，保证它们的尺寸精度、垂直度精度和对称度精度。控制对称工件中的对称度很关键，特别是在配合中，往往是因为对称度精度达不到要求，而影响工件的整个配合质量。

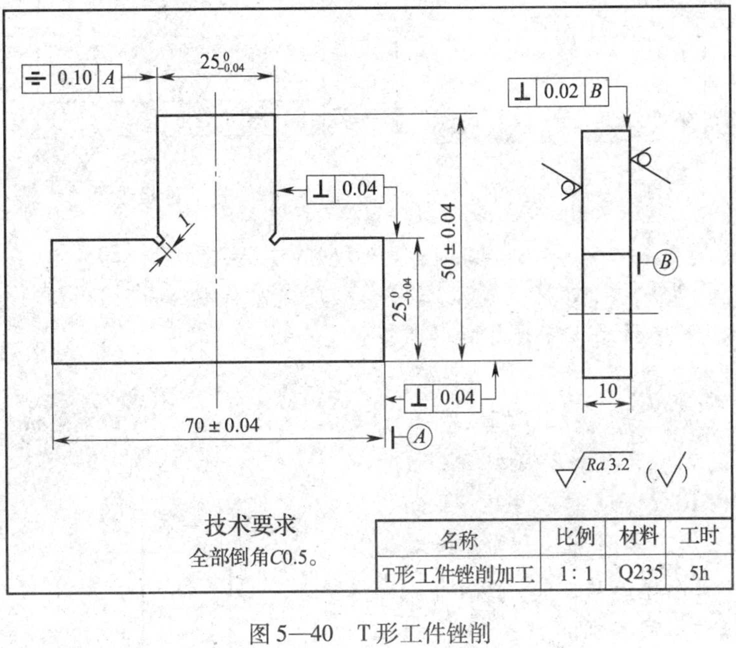

图5—40　T形工件锉削

1．检查毛坯外形尺寸及相关形位误差。

2．锉削外形尺寸70 mm和50 mm，保证它们的尺寸精度，同时记下70的实际尺寸（$L_{实际}$）。

3. 按图 5—41 所示，加工角 1。用锉削保证 47.5 mm 和 $25_{-0.04}^{\ 0}$ mm 的尺寸精度。加工 47.5 mm 尺寸时需考虑对称度的要求。47.5 mm 尺寸的极限尺寸用 N_{max}、N_{min} 表示，可用以下经验公式来进行计算（图 5—42）。

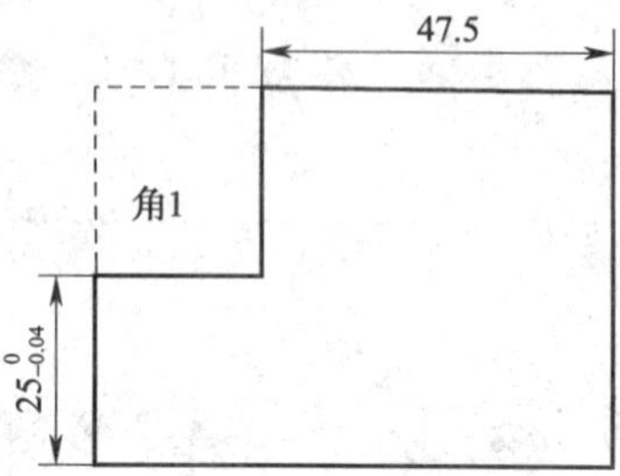

图 5—41 加工角 1

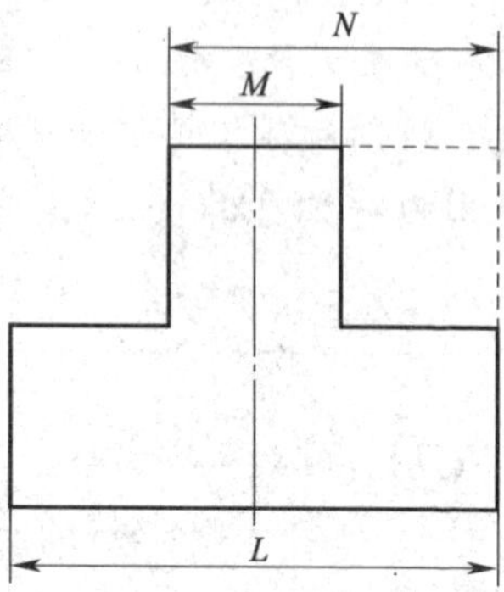

图 5—42 47.5 的极限尺寸计算

$$N_{max}=L_{实际}/2+(M_{理论尺寸}/2+\delta_{上})+(对称度公差/2)$$

$$N_{min}=L_{实际}/2+(M_{理论尺寸}/2+\delta_{下})-(对称度公差/2)$$

式中 $\delta_{上}$、$\delta_{下}$ 为尺寸 M 的极限偏差。

所以：

$$N_{max}=L_{实际}/2+(25/2+0)+(0.10/2)=L_{实际}/2+12.55\ mm$$

$$N_{min}=L_{实际}/2+(25/2-0.04)-(0.10/2)=L_{实际}/2+12.41\ mm$$

4. 按图 5—43 所示加工角 2，用锉削保证尺寸 $25_{-0.04}^{\ 0}$ mm，并保证对称度要求。

5. 采用百分表测量对称度，如图 5—44 所示，提高对称度精度。

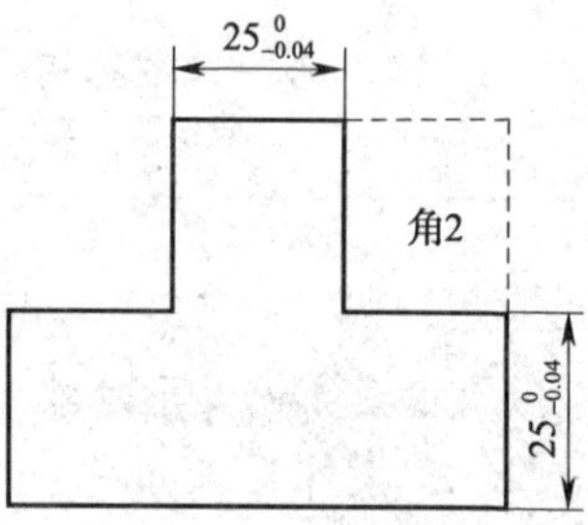

图 5—43 加工角 2

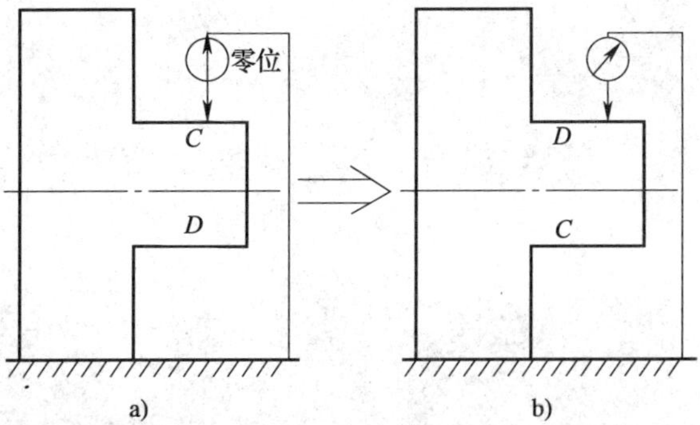

图 5—44　用百分表测量对称度

二、技能测评

完成 T 形件加工后，结合表 5—5 T 形件加工评分标准，进行技能测评。

表 5—5　　　　　　T 形件加工评分标准

序号	技术要求	配分	评分标准	交检记录	分数
1	(70 ± 0.04) mm	8	超差全扣		
2	(50 ± 0.04) mm	8	超差全扣		
3	$25_{-0.04}^{\ 0}$ mm	12	超差全扣		
4	⌯ 0.10 *A*	14	超差一处扣 7 分		
5	⊥ 0.04 （2 处）	14	超差一处扣 7 分		
6	⊥ 0.02 *B*	8	超差全扣		
7	锉削纹路整齐	12	超差一处扣 2 分		
8	外形无损伤	8	酌情扣分		
9	表面粗糙度 *Ra* 值为 3.2 μm	12	超差一处扣 2 分		
10	安全文明生产	4	酌情扣分		

第六单元　孔　加　工

模块一　钻　　孔

培训目标：

1. 掌握钻削的特点；
2. 掌握麻花钻的特点；
3. 掌握台钻的操作要领；
4. 掌握钻孔的操作要领。

一、钻削的特点

用钻头在实体材料上加工孔的方法，称为钻孔，如图 6—1 所示。钻孔时主要由两大部分运动组成。一是钻头在钻床主轴上做旋转运动，切除工件表面多余材料，被称为主运动。二是钻头

图 6—1　钻孔

沿轴线方向移动，使工件切削层持续投入切削从而加工出完整表面，被称为进给运动。

钻削时钻头是在半封闭的状态下进行切削的，转速高，切削量大，排屑很困难。所以，钻削加工有以下几个特点：

1. 摩擦严重，需要较大的钻削力。

2. 产生的热量多，传热、散热困难，切削温度较高。

3. 钻头的高速旋转和较高的切削温度，造成钻头磨损严重。

4. 由于钻削时挤压和摩擦容易产生孔壁的冷作硬化现象，给后续工序加工增加困难。

5. 钻头细而长，钻孔易产生振动。

6. 加工精度低，尺寸精度只能达到 IT11 ~ IT10，表面粗糙度 Ra 值只能达到 100 ~ 25 μm。

二、麻花钻

1. 麻花钻的组成

麻花钻一般用高速钢制成，经淬火后硬度达 62 ~ 68HRC。它由以下三部分组成，如图 6—2 所示。

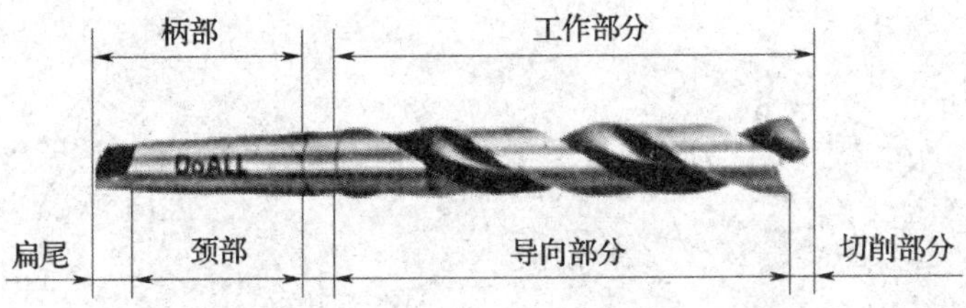

a)

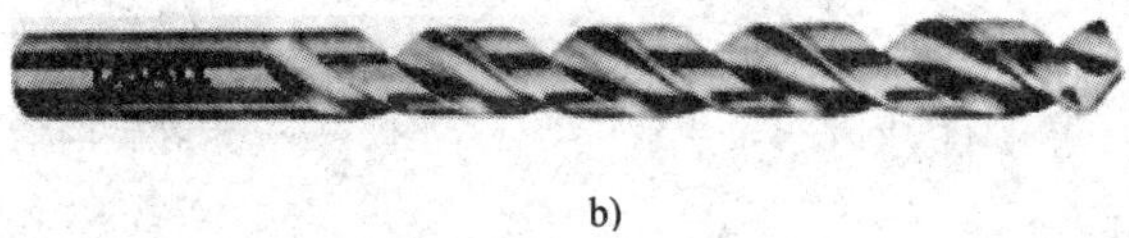

b)

图 6—2　麻花钻的组成

a）锥柄麻花钻　b）直柄麻花钻

（1）柄部。用以夹持定心和传递动力，有锥柄（$d>$ 13 mm）和柱柄（$d<13$ mm）两种。

（2）颈部。为磨制钻头时供砂轮退刀用。一般钻头规格、材料和商标都刻印在上面。

（3）工作部分

1）导向部分。用来保持麻花钻工作时的正确方向。

螺旋槽：形成切削刃及容纳和排除切屑，便于切削液进入。

棱带：其直径略有倒锥，宽 0.05 ~ 0.1 mm，引导钻头切削时的方向，使它不致偏斜，又可减少钻头与孔壁的摩擦。

2）切削部分。切削部分由五刃（两条主切削刃、两条副切削刃和一条横刃）、六面（两个前刀面、两个后刀面和两个副后刀面）组成（图 6—3）。

2．标准麻花钻的切削角度

在了解标准麻花钻的切削角度前，我们先来认识一下定义切削角度的各辅助平面。

（1）麻花钻的辅助平面（图 6—4）

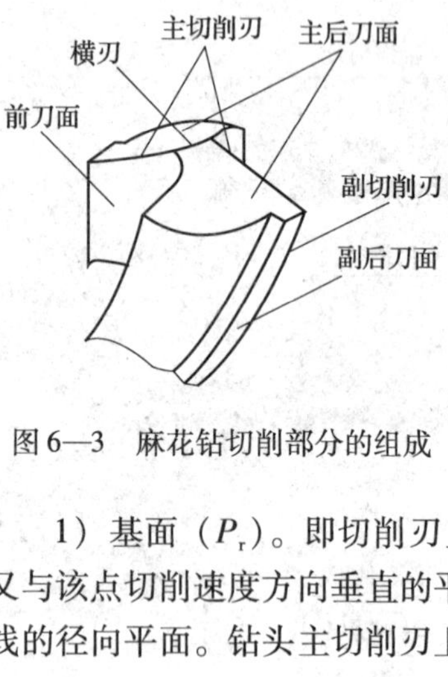

图 6—3　麻花钻切削部分的组成

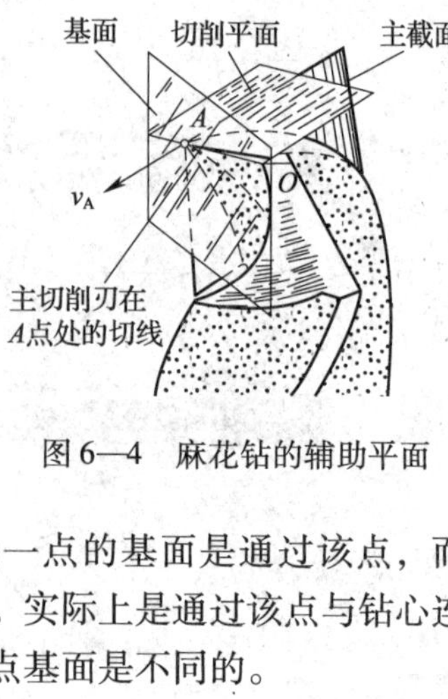

图 6—4　麻花钻的辅助平面

1）基面（P_r）。即切削刃上任一点的基面是通过该点，而又与该点切削速度方向垂直的平面。实际上是通过该点与钻心连线的径向平面。钻头主切削刃上各点基面是不同的。

2）切削平面（P_p）。即主切削刃上任一点的切削平面是由该点的切削速度方向和这点上切削刃的切线所构成的平面。

3）主截面。即通过主切削刃上任一点并垂直于切削平面和基面的平面，它垂直于主切削刃。

4）柱截面。即通过主切削刃上任一点作与钻头轴线平行的直线，该直线绕钻头轴线旋转所形成的圆柱面的切面。它平行于钻头轴线方向。

（2）标准麻花钻头的切削角度（图 6—5）

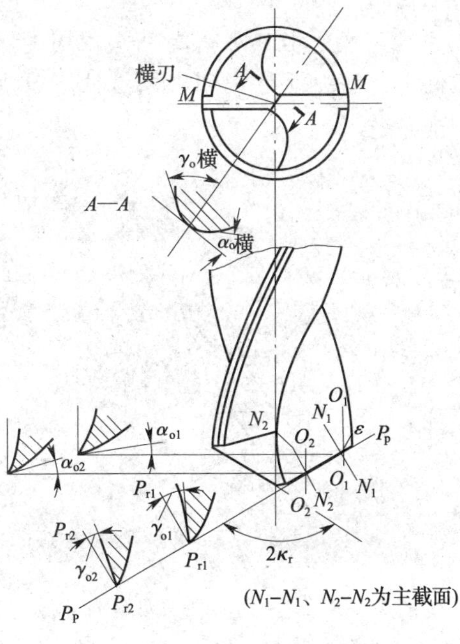

图 6—5　标准麻花钻的切削角度

1）前角 γ_0。指在主截面内前刀面与基面之间的夹角。主切削刃上各点前角大小不等，外大内小。

前角大小决定着切除材料的难易程度和切屑在前刀面上的摩擦阻力大小。前角越大，切削越省力。

2）后角 α_0。指在柱截面内后刀面与切削平面之间的夹角。主切削刃上各点后角刃磨不等，外小内大。

后角作用是为减少后刀面与工件切削表面之间的摩擦。

3）顶角 $2\kappa_r$。指两主切削刃在其平行平面 *MM* 上的投影之间的夹角。

顶角大小根据加工条件由钻头刃磨决定。当 $2\kappa_r=118°\pm2°$ 时，主切削刃呈直线形（图 6—6a）；当 $2\kappa_r>118°$ 时呈内凹形（图 6—6b）；当 $2\kappa_r<118°$ 时呈外凸形（图 6—6c）。顶角的大小影响主切削刃上轴向力的大小。顶角越小，则轴向力越小，外缘处刀尖角 ε 越大，有利于散热和提高钻头耐用度。但顶角减小后，在相同条件下，钻头所受扭矩增大，切屑变形加剧，排屑困难，会妨碍切削液进入。

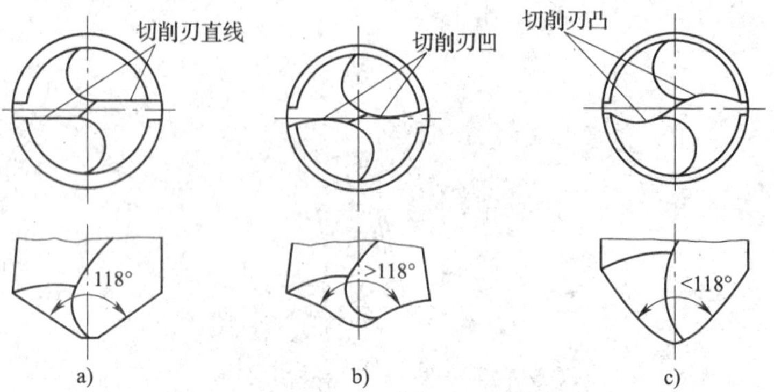

图 6—6　顶角对主切削刃形状的影响

a）$2\kappa_r=118°\pm2°$　b）$2\kappa_r>118°$　c）$2\kappa_r<118°$

三、钻床

钻床是钳工常用的孔加工机床。在钻床上可完成单个或多个孔的钻孔、扩孔、锪孔、铰孔和攻螺纹等多项操作，如图 6—7 所示。常用的钻床有立式钻床、台式钻床、摇臂钻床等。

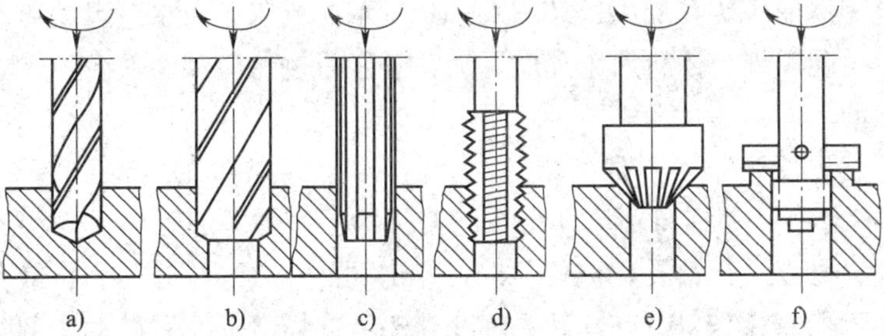

图 6—7 钻床的应用

a）钻孔 b）扩孔 c）铰孔 d）攻螺纹 e）锪埋头孔 f）锪平面

1．台式钻床（简称台钻）

台钻结构简单，操作方便，用于在小型零件上钻、扩 ϕ12 mm 以下的孔。图 6—8 所示为 Z4012 型台钻。台钻有 5 级转速，通过里面的 5 级带轮进行更换，操作时打开上方的防护罩，将传动三角带放置在不同的带轮上，通过 5 种不同带轮直径比得到 5 种不同的转速，操作如图 6—9 所示。

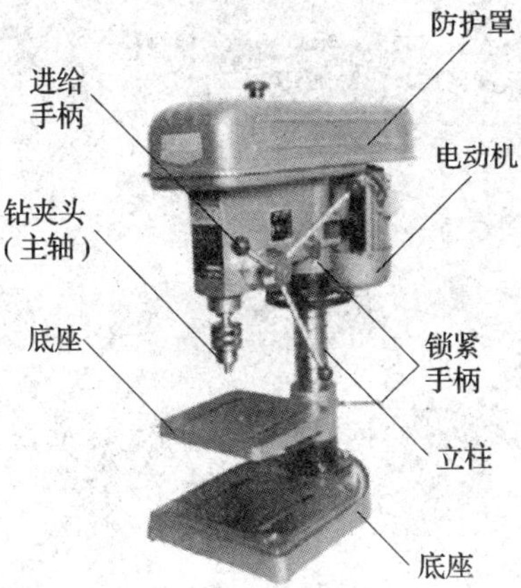

图 6—8 Z4012 型台钻

图 6—9 更换转速

2．Z525 型立式钻床

Z525 型立式钻床的最大钻孔直径为 25 mm，主要用于中小型零件的各类孔加工，如图 6—10 所示。机床运动除主运动和进给运动以外，还有两个辅助运动，分别是进给箱和工作台的升降运动。

3．Z3040 型摇臂钻床

Z3040 型摇臂钻床如图 6—11 所示，适用于加工中、小型零件，可以进行钻孔、扩孔、铰孔、锪平面及攻螺纹等工作，最大加工孔直径为 40 mm。其主轴变速箱能在摇臂上左右移动，可以加工同一平面上相互平行的孔系。摇臂在升降电动机驱动下能沿立柱轴线任意升降，操作者还可手拉摇臂绕立柱做 360°任意旋转，根据工作台的位置，将其固定在适当角度。工作台面上还有多条 T 形槽，用来安装中小型钻床夹具。

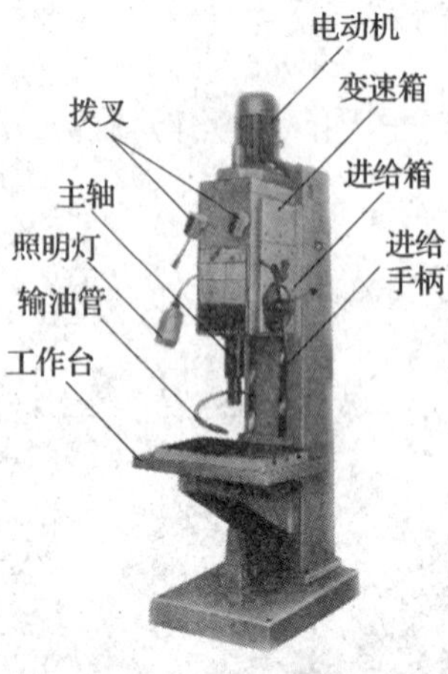

图 6—10　Z525 型立式钻床

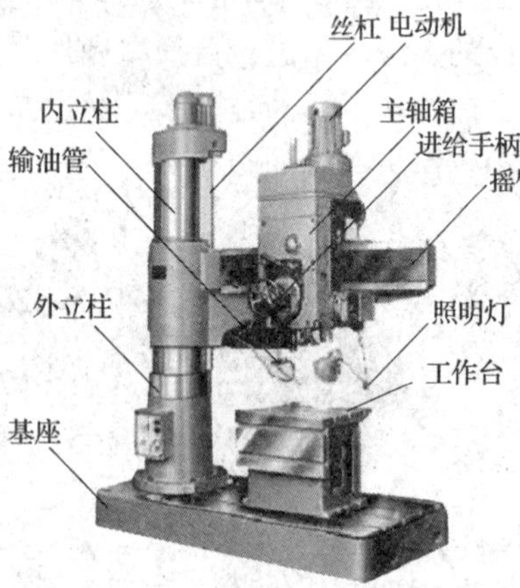

图 6—11　Z3040 型摇臂钻床

四、钻削用量的选择

1．钻削用量

钻削用量包括三个要素：切削速度、进给量和切削深度（背吃刀量）。

（1）钻削时的切削速度。钻削时的切削速度是指钻孔时钻头直径上任一点的线速度，用符号“v”表示。其计算公式为：

$$v = \frac{\pi D n}{1\,000} \quad (\text{mm/min})$$

式中　D——钻头直径，mm；

n——钻床主轴转速，r/min。

（2）钻削进给量。钻削进给量是指主轴每转一转，钻头对工件沿主轴轴线相对的移动量，用符号“f”表示。单位为 mm/r。

（3）切削深度。切削深度是指工件上已加工表面与待加工表面之间的垂直距离（图 6—12），用符号“a_p”表示。对钻削来说，切削深度可按以下公式计算：

$$a_p = \frac{D}{2} \ (\text{mm})$$

式中　D——钻头直径，mm。

2. 钻削用量的选择

（1）切削深度的选择。在钻孔过程中，可根据实际情况，先用（0.5～0.7 mm）D（D 为要求的孔径）的钻头进行钻底孔加工，然后用直径为 D 的钻头将孔进行扩大加工。这样可以减小切削深度以及轴向力，保护机床，同时可以提高钻孔质量。而直径小于 30 mm 的孔，可以一次钻出。

（2）进给量的选择。当孔的加工精度要求较高、表面粗糙度值要求较小时，应选取较小的进给量；当钻孔深度较深、钻头较长、钻头的刚度和强度较差时，也应选取较小的进给量。

（3）钻削速度的选择。当钻头直径和进给量被确定后，钻削速度应按照钻头的使用寿命选取合理的数值。当钻孔的深度较深时，应选取较小的切削速度。

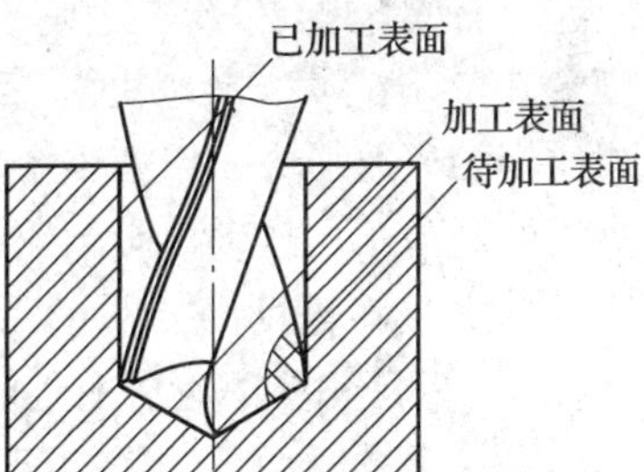

图 6—12　钻削时的加工表面

五、麻花钻的刃磨

1. 麻花钻的缺点

实践证明，标准麻花钻的切削部分存在以下缺点：

（1）横刃较长，横刃处前角为负值时，在切削中横刃处于挤刮状态，产生很大轴向力，使钻头容易发生抖动，定心不良。

（2）主切削刃上各点的前角大小不一样，致使各点切削性能不同。

（3）钻头的副后角为零，靠近切削部分的棱边与孔壁的摩擦比较严重，容易发热和磨损。

（4）主切削刃长，而且全宽参与切削。

2. 标准麻花钻的刃磨及检验方法

（1）两手握法。右手握住钻头的头部，左手握住柄部（图 6—13）。

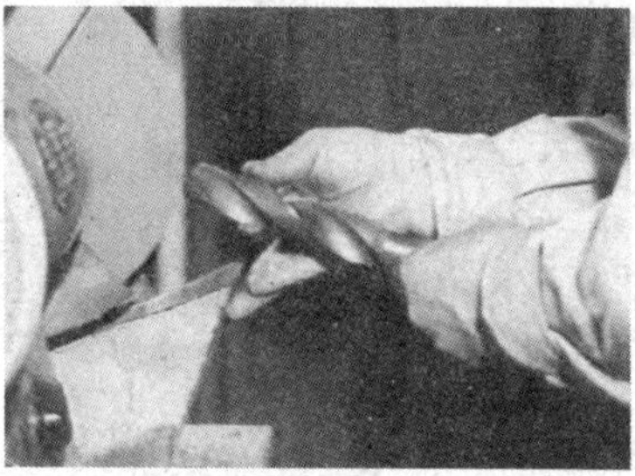

图 6—13　刃磨钻头时手的握法

（2）钻头与砂轮的相对位置。钻头轴线与砂轮圆柱母线在水平面内的夹角等于钻头顶角 $2\kappa_r$ 的一半，被刃磨部分的主切削刃处于水平位置，如图 6—14a 所示。

（3）刃磨动作。将主切削刃在略高于砂轮水平中心平面处先接触砂轮，右手缓慢地使钻头绕自身轴线由下向上转动，同时施加适当的刃磨压力，以使整个后刀面都能磨到，左手配合右手作缓慢的同步下压运动，刃磨压力逐渐加大，便于磨出后角，其下压的速度及其幅度随要求的后角大小而变，如图 6—14b、c、d 所示。为保证钻头靠近中心处磨出较大的后角，还应作适当的右移运动。刃磨时两手动作的配合要协调、自然。刃磨时还应注意两个后刀面的对称。

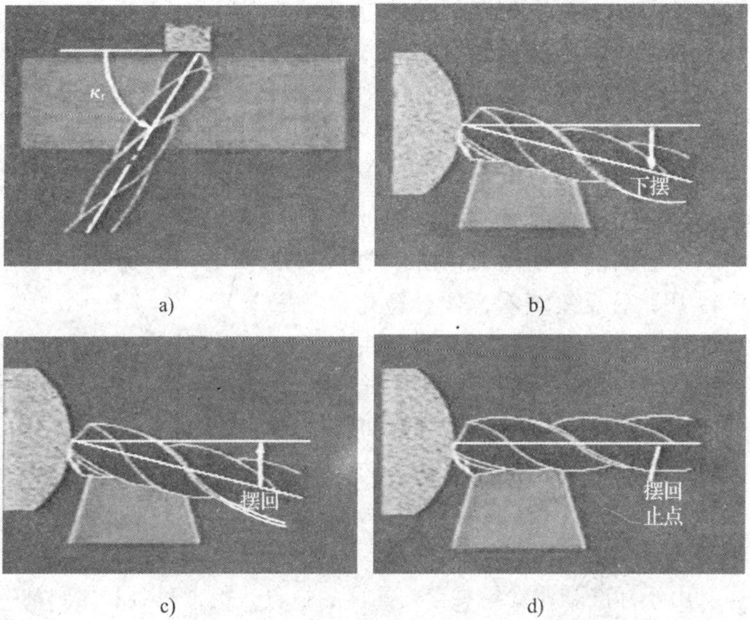

图 6—14　刃磨钻头的动作

（4）修磨横刃。钻头轴线在水平面内与砂轮侧面左倾大约 15°夹角，在垂直平面内与刃磨点的砂轮半径方向大约成 55°下摆角，如图 6—15 所示。

（5）钻头冷却。钻头刃磨压力不宜过大，并要经常蘸水冷却，以防止因过热引起退火而造成钻头的硬度降低。

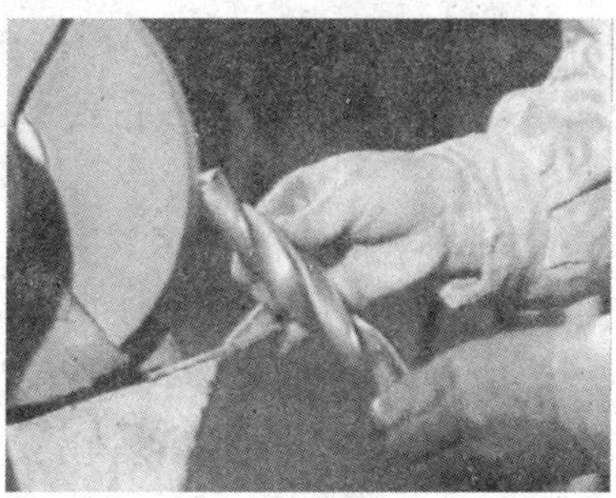
图 6—15　修磨钻头横刃

（6）标准麻花钻的刃磨质量检验。钻头的几何角度以及两条主切削刃的对称等要求，可利用检验样板进行检验（图 6—16），但在刃磨的过程中最经常采用的还是目测的方法。目测检验时，把钻头的切削部分向上竖立，两眼平视，由于两主切削刃一前一后会产生视觉误差，往往感到前面的主切削刃略高于后面的主切削刃，所以要旋转 180°后反复查看，如果经几次检验，结果都一样，说明钻头两主切削刃是对称的。钻头外缘处的后角要求，可对外缘处靠近刃口部分的后刀面的倾斜情况直接目测。

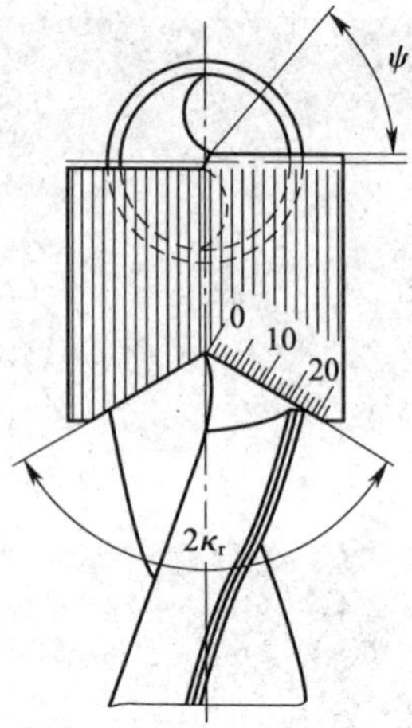

图 6—16　用样板检验刃磨角度

3．标准麻花钻钻头的修磨

由于标准麻花钻钻头存在前述的缺点，通常要对其切削部分进行修磨，以改善切削性能。一般是按钻孔的具体要求，从以下几个方面有选择地对钻头进行修磨。

（1）修磨主切削刃（图 6—17）。修磨主切削刃的方法，主要是磨出第二顶角“$2\kappa'_r$”（$2\kappa'_r = 70° \sim 75°$）。在钻头外缘处磨出过渡刃（$f_o = 0.2d$），以增大外缘处的刀尖角，改善散热条件，增加刀齿强度，提高切削刃与棱边交角处的耐磨性，以延长钻头使用寿命，减少孔壁的残留面积，有利于减小孔壁表面粗糙度值。

（2）修磨前刀面（图 6—18）。修磨外缘处前刀面，这样可以减小此处的前角，提高刀齿的强度，尤其钻削黄铜时，可以避免“扎刀”现象。

（3）修磨棱边（图 6—19）。在靠近主切削刃的一段棱边上，磨出副后角 6°～8°，并保留棱边宽度为原来的 1/3～1/2，以减少对孔壁的摩擦，提高钻头使用寿命。

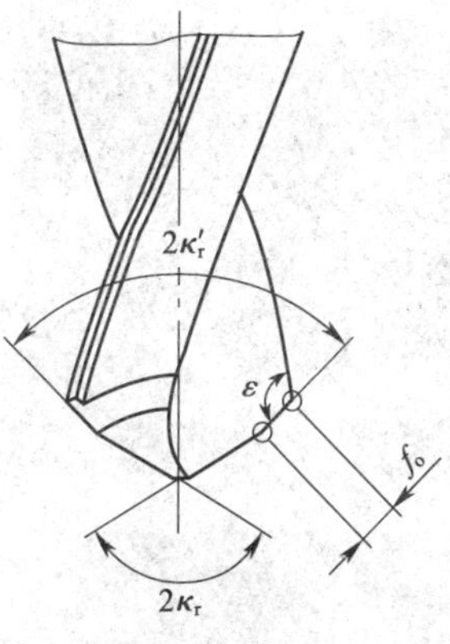

图 6—17　主修磨切削刃

图 6—18　修磨前刀面

六、工件的装夹

钻孔时，工件的装夹方法应根据钻孔直径的大小及工件的形状来决定。一般对于钻削直径小于 8 mm 的孔，可用手拿住工件钻孔。除此之外，加工大直径孔及在形状复杂的工件上加工孔时，还可采用其他不同的装夹方法来保证钻孔质量和安全。比如用手虎钳夹紧、用机床用平口钳夹紧、用压板夹紧等，如图 6—20 所示。

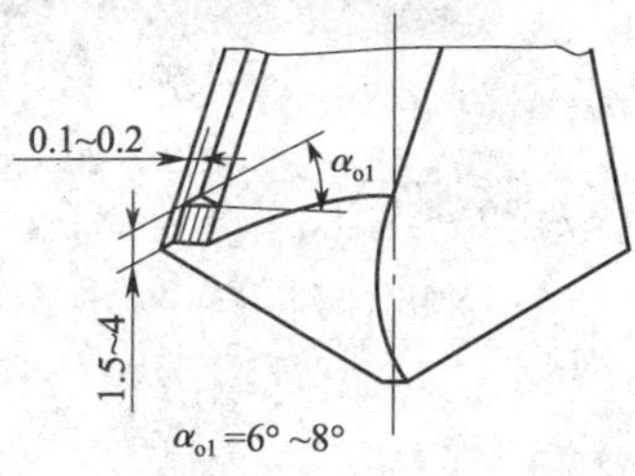

图 6—19　修磨棱边

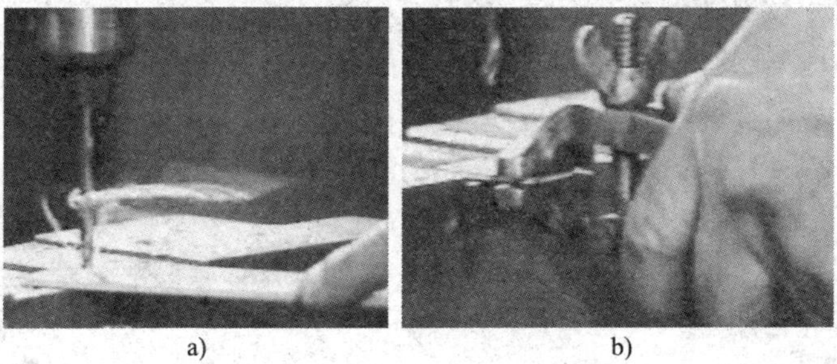

a)　　　b)

c)

d)

e)

图 6—20　钻孔时工件装夹

a）小工件直接用手抓紧　b）使用手虎钳的夹紧方式

c）使用机床用平口钳的夹紧方式　d）钻圆柱形工件的夹紧方式

e）大工件使用压板夹紧

技 能 训 练

一、训练内容

1. 练习钻床空车操作并作钻床转速、主轴头架和工作台升降等的调整练习。

2. 按照图 6—21 所示在工件上进行划线钻孔，达到图样要求。

3. 采用如图 6—20c 所示装夹工件，保证钻头中心对准孔中心划线样冲点。

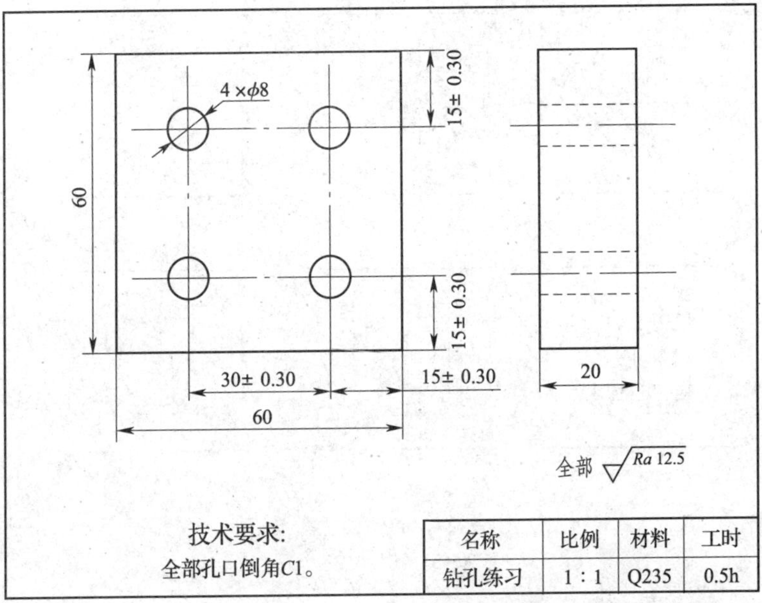

图 6—21　钻孔练习图

4. 钻一浅坑（图 6—22），目测检查钻孔中心与所划的圆中心是否偏移，若有偏移需及时纠正（图 6—23）。若偏移量较小时，则可将工件向另一方向偏移；若偏移量较大时，则可用油槽錾子或样冲在突出部位錾削几条槽（图 6—24），以减小切削阻力，使钻头缓慢地偏过来，达到校正的目的。

图 6—22　钻浅坑

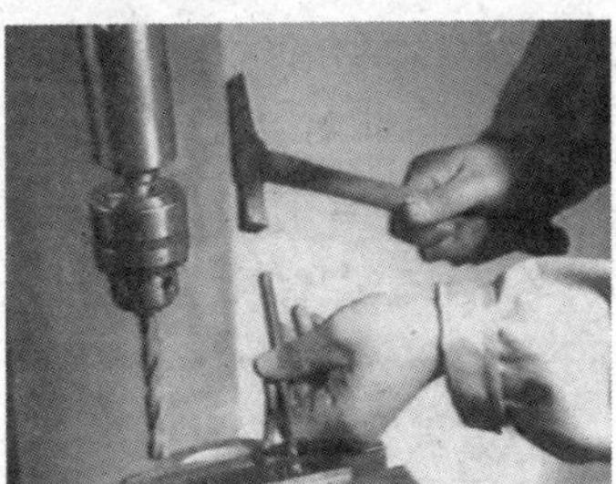

图 6—23　偏心纠正

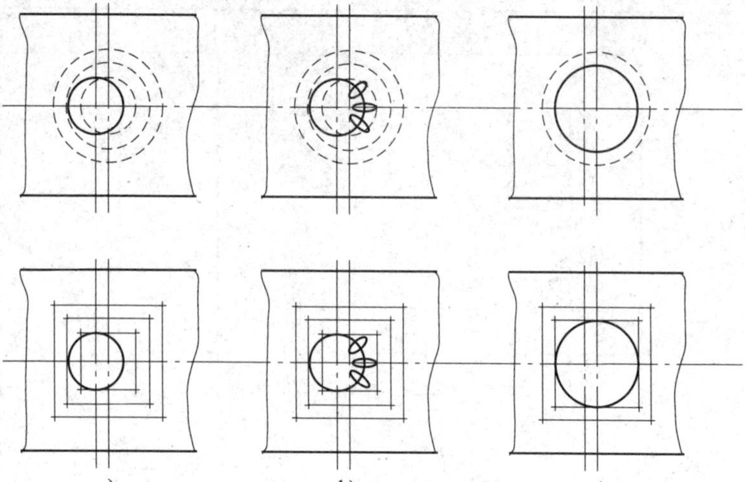

图 6—24　起钻偏位的校正

a）起钻　b）孔位校正　c）钻孔

5. 完成 4 个孔的加工及倒角，最终效果如图 6—25 所示。

图 6—25　钻孔练习效果图

二、注意事项

1. 用钻夹头装夹钻头时要用钻夹头钥匙，不可用扁铁和手锤敲击，以免损坏夹头和影响钻床主轴精度。工件装夹时，必须做好装夹面的清洁工作。

2. 钻孔时，手进给压力应根据钻头的工作情况，以目测和感觉进行控制，在实习中应注意掌握。

3. 钻头用钝后必须及时修磨锋利。

4. 注意操作安全。

三、技能测评

根据表 6—1 钻孔练习评分标准进行技能测评。

表 6—1 钻孔练习评分标准

序号	技术要求	配分	评分标准	交检记录	分数
1	掌握台钻各部分作用	12 分	酌情扣分		
2	正确操作台钻	12 分	酌情扣分		
3	(15 ±0.30) mm (8 处)	24 分	超差一处扣 3 分		
4	(30 ±0.20) mm (4 处)	12 分	超差一处扣 3 分		
5	孔口倒角 *C*1	24 分	超差一处扣 3 分		
6	工件的装夹	16 分	酌情扣分		
7	安全文明生产		酌情扣分		

模块二 扩　　孔

培训目标：

1. 掌握扩孔加工的特点；
2. 掌握扩孔钻的特点；
3. 掌握扩孔的操作要点。

钻孔时的切削深度等于钻头半径。当加工较大孔时，如果一次钻削完成，则切削深度会非常大，加工就非常困难。这时就需要先钻底孔再扩孔。

一、扩孔

扩孔是用扩孔钻对工件上已有孔进行扩大加工，如图 6—26 所示。

扩孔时切削深度 $a_p = (D - d)/2$ (mm)

式中 D——扩孔后直径，mm；

d——预加工孔直径，mm。

扩孔加工具有以下特点：

1. 切削深度 a_p 较钻孔时大大减小，切削阻力小，切削条件大大改善。

2. 扩孔时进给量为钻孔的 1.5～2 倍。

3. 切削深度约为钻孔的 1/2。

4. 扩孔钻无横刃，避免了横刃切削所引起的不良影响。

5. 产生切屑体积小，排屑容易。

二、扩孔钻

扩孔钻的结构与麻花钻相比有较大不同，如图 6—27 所示，其特点如下：

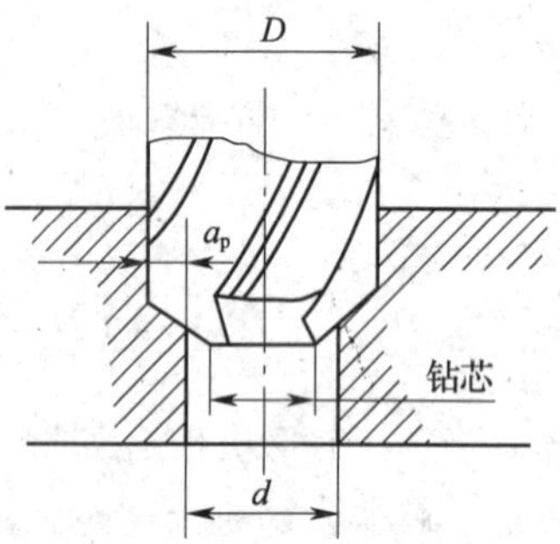

图 6—26　扩孔钻

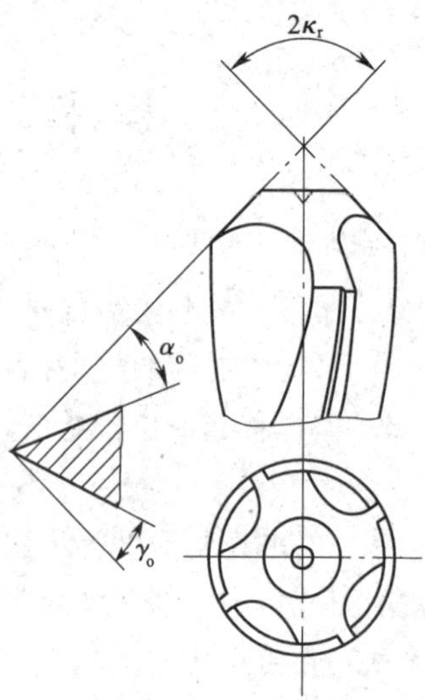

图 6—27　扩孔钻的工作部分

1. 因中心不切削，没有横刃，切削刃只做成靠边缘的一段。

2. 因扩孔产生切屑体积小，不需大容屑槽，从而扩孔钻可以加粗钻芯，提高刚度，使切削平稳。

3. 由于切削深度 a_p 较小，切屑产生量少，允许容屑槽较小，扩孔钻可做出较多刀齿，增强导向作用。一般整体式扩孔钻有 3 ~4 个齿。

4. 因切削深度较小，切削角度可取较大值，使切削省力。

由于以上原因，扩孔的加工质量比钻孔高。一般尺寸精度可达 IT10 ~ IT9，表面粗糙度 Ra 值可达 25 ~6. 3 μm；常作为孔的半精加工及铰孔前的预加工。

在实际生产中，一般用麻花钻代替扩孔钻使用。扩孔钻多用于成批量生产。

技 能 训 练

一、训练内容

完成图 6—28 所示工件，其中型腔采用先钻孔再扩孔的加工工艺。

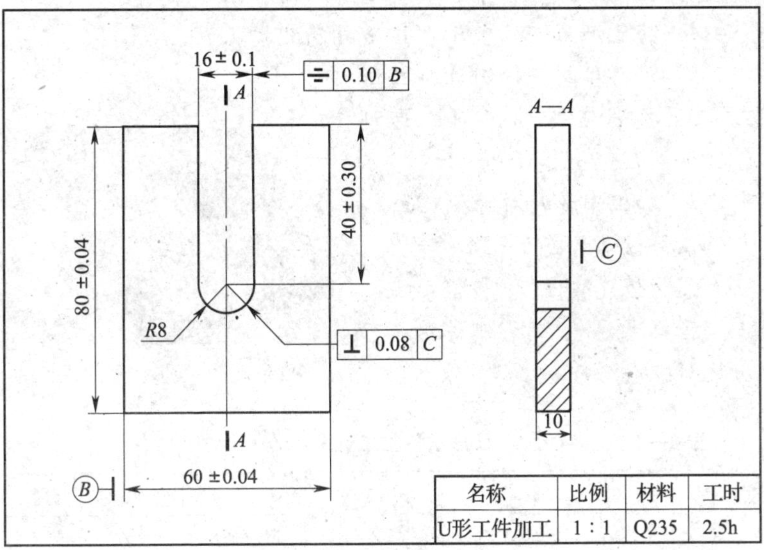

图 6—28　U 形工件加工

1. 按图 6—29 划线。

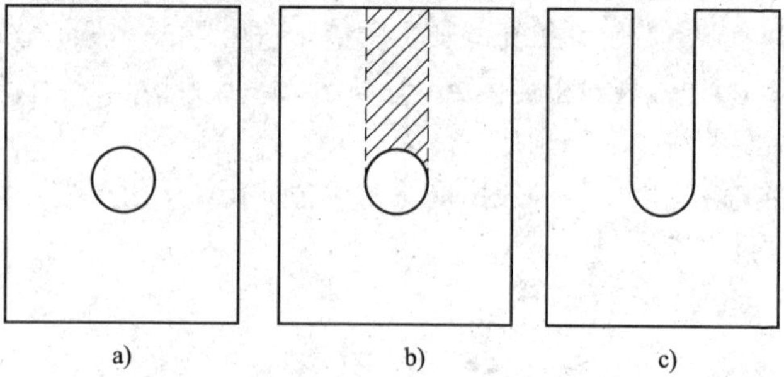

图 6—29 加工步骤

2. 按上一模块孔加工的方法加工底孔 ϕ10 mm。

3. 检查若孔距超差，则在扩孔时向相反方向偏移扩孔钻以达到借料的目的。

4. 将已加工好的直径为 10 mm 的孔扩孔到 ϕ16 mm。

5. 对已扩孔进行倒角加工。

6. 按划线轮廓锯削内部型腔，如图 6—29b、c 所示。

7. 加工测量两对称型腔面。

最终效果如图 6—30 所示。

图 6—30 U 形件效果图

二、技能测评

根据表 6—2 U 形工件加工标准进行技能测评。

表 6—2 U 形工件加工评分标准

序号	技术要求	配分	评分标准	交检记录	分数
1	槽宽（16 ±0.1）mm	20 分	超差全扣		
2	槽深（40 ±0.30）mm	20 分	超差全扣		
3	底孔半径 R8 mm	20 分	超差全扣		

续表

序号	技术要求	配分	评分标准	交检记录	分数
4	⊥ 0.08 *C*	20 分	超差全扣		
5	⌯ 0.10 *B*	20 分	超差全扣		
6	安全文明生产		酌情扣分		

模块三　锪　　孔

培训目标：

1．掌握锪孔的应用范围；

2．掌握锪孔钻的特点；

3．掌握锪孔的基本技能。

用锪钻刮平孔的端面或切出沉孔的方法，称为锪孔。锪孔的目的是为了保证孔端面与孔轴线的垂直度，以便与孔连接的零件位置正确，连接可靠。

一、锪钻的种类和特点

1．柱形锪钻

即锪圆柱形埋头孔的锪钻，如图 6—31a 所示。柱形锪钻起主要切削作用的是端面刀刃，螺旋槽的斜角就是它的前角（$\gamma_0 = \beta_0 = 15°$），后角 $\alpha_0 = 8°$。锪钻前端有导柱，以保证良好的定心和导向。

2．锥形锪钻

即锪锥形埋头孔的锪钻，如图 6—31b 所示。锥形锪钻的锥角（$2\kappa_r$）按工件锥形埋头孔的要求不同，有 60°、75°、90°、120°四种。

3．端面锪钻

即专门用来锪平孔口端面的锪钻，如图 6—31c 所示。

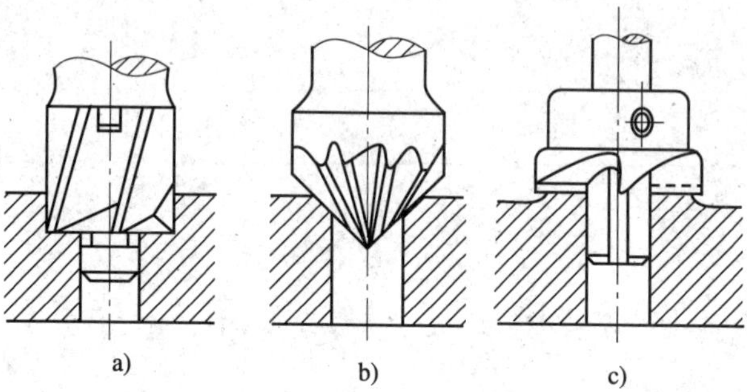

图 6—31　锪孔

a）锪圆柱形沉孔　b）锪锥形沉孔　c）锪凸台平面

二、用麻花钻改磨锪钻

1．用麻花钻改磨锥形锪钻

主要是保证其顶角 $2\kappa_r$ 应与锪钻要求锥角一致，两切削刃磨得要对称。为减少振动，一般磨成双重后角，外缘处的前角磨小一些。

2．用麻花钻改磨柱形锪钻

钻头直径为圆柱埋头孔直径，导柱刃口要倒钝，以免刮伤孔壁。端面刀刃用锯片砂轮磨出后角 $\alpha_0=6°\sim8°$。

三、锪孔操作要点

锪孔时的主要问题是所锪端面或锥面出现振痕，使用麻花钻改制的锪钻，振痕尤为严重。所以锪钻时要注意以下操作：

1．锪孔时，进给量为钻孔的 2 ~ 3 倍，切削速度为钻孔的 1/3 ~ 1/2。精锪时，往往利用钻床停车后主轴的惯性来锪孔，以减少振动而获得光滑表面。

2. 尽量选用较短的麻花钻头来改磨锪钻，并注意修磨前刀面，减小前角，以防止扎刀和振动。同时选用较小后角，以防止多角形。

3. 锪钢件时，因切削热量大，应在导柱和切削表面加注切削液。

技能训练

一、训练内容

完成如图6—32所示锪孔加工。

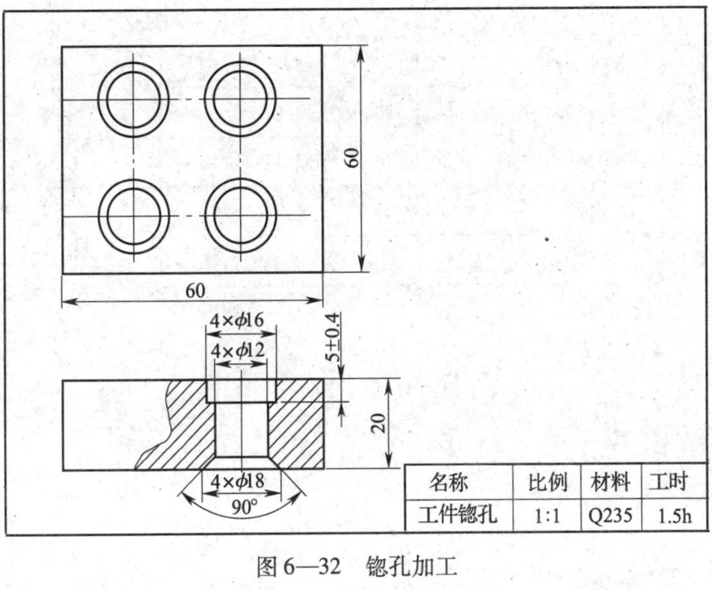

图6—32　锪孔加工

1. 钻4个ϕ12 mm的孔。

2. 在4个已有的ϕ12 mm孔上，用麻花钻改制的90°锥形锪钻，锪出4个90°锥形埋头孔，达到图样要求。

3. 用麻花钻改制的柱形锪钻，在4个 ϕ12 mm 孔的另一端孔口锪出 ϕ16 mm 柱形埋头孔，达到图样要求。最终效果如图6—33所示。

图6—33 锪孔加工效果图

二、技能测评

根据表6—3锪孔练习评分标准进行技能测评。

表6—3 锪孔练习评分标准

序号	技术要求	配分	评分标准	交检记录	分数
1	ϕ16 mm（4处）	20分	超差一处扣5分		
2	ϕ12 mm（4处）	20分	超差一处扣5分		
3	ϕ18 mm（4处）	20分			
4	90°（4处）	20分	超差一处扣5分		
5	(5 ±0.4) mm（4处）	20分	超差一处扣5分		
6	安全文明生产		酌情扣分		

模块四 铰 孔

培训目标：

1. 掌握铰孔的特点；
2. 掌握铰刀的种类及特点；
3. 掌握铰削的操作要领。

用铰刀从工件孔壁上切除微量金属层，以提高其尺寸精度和降低表面粗糙度值的方法，称为铰孔，如图 6—34所示。由于铰刀的刀齿数量多，切削余量小，切削阻力小，导向性好，故加工精度高，一般可达 IT9 ~ IT7 级，表面粗糙度 Ra 值可达 1.6 μm。

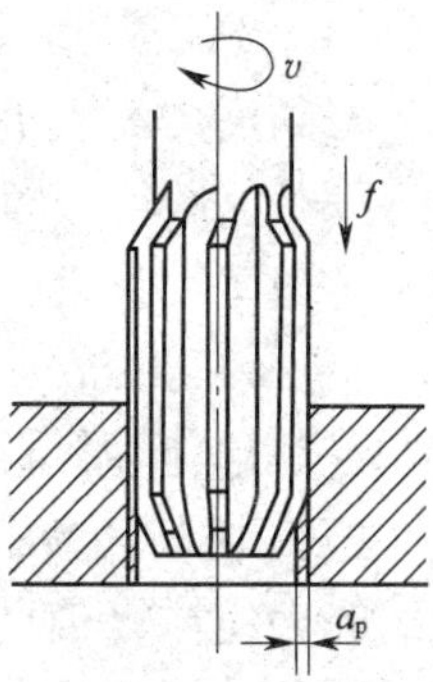

图 6—34　铰孔

一、铰刀的种类及结构特点

1. 整体圆柱铰刀

整体圆柱铰刀用来铰标准系列直径的孔，分机用和手用两种（图 6—35）。铰刀由工作部分、颈部和柄部三部分组成，其中工作部分又分为切削部分和校准部分。

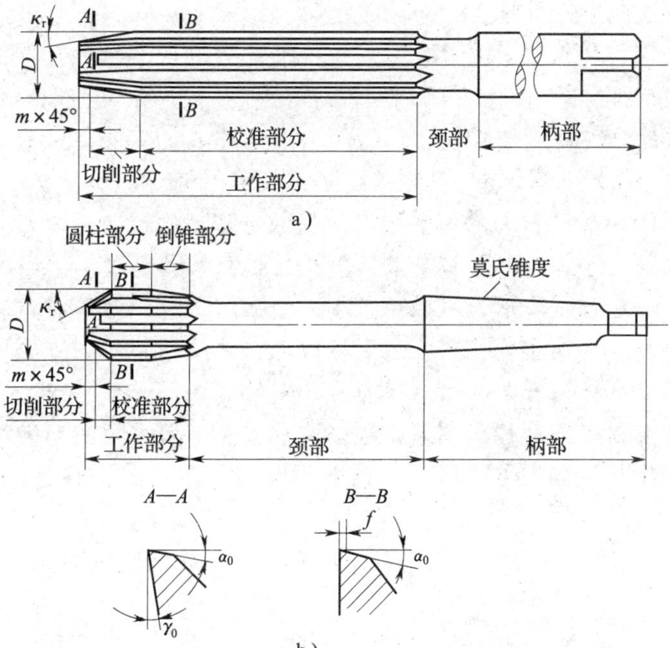

图 6—35　整体式圆柱铰刀

a）手用铰刀　b）机用铰刀

（1）切削锥角（$2\kappa_r$）。切削锥角 $2\kappa_r$ 决定铰刀切削部分的长度，对切削力的大小和铰削质量有较大影响。适当减小切削锥角 $2\kappa_r$，是获得较小表面粗糙度值的重要条件。

一般手用铰刀：$\kappa_r = 30' \sim 1°30'$

机用铰刀：$\kappa_r = 15°$（铰削钢料通孔时）；$\kappa_r = 3° \sim 5°$（铰削铸铁或其他脆性材料时）；$\kappa_r = 45°$（铰不通孔时）

（2）切削角度。铰刀前角小，使铰削近于刮削，可以减小孔壁表面粗糙度值。铰刀的切削部分和校准部分的后角都磨成 $6° \sim 8°$。

（3）校准部分刃带宽度（f）。校准部分的刀刃上留有无后角的棱边，其作用是引导铰刀的铰削方向和修整孔的尺寸，同时也便于测量铰刀的直径。一般 $f = 0.1 \sim 0.3$ mm。

（4）倒锥量。为了避免铰刀校准部分的后面摩擦孔壁，故在校准部分磨出倒锥量。机用铰刀切削速度高，导向由机床保证，校准部分较短，倒锥量较大，为 0.04 ~ 0.08 mm。手用铰刀切削速度低，靠校准部分导向，倒锥量较小，为 0.005 ~ 0.008 mm。

（5）标准铰刀的齿数（z）。齿数越多，分布在每个刀刃上的负荷越小，有利于减少铰刀磨损，提高铰孔精度。但齿数过多，刀齿强度降低，容屑槽减小，使排屑不利，易造成刀齿刃口挤崩，切屑刮伤孔壁，甚至将铰刀挤住或扭断铰刀。当直径 $D < 20$ mm时，$z = 6 \sim 8$；当 $D = 20 \sim 50$ mm，$z > 8 \sim 12$。为了便于测量铰刀直径，铰刀齿数多取偶数。一般手用铰刀齿距在圆周上是不均匀分布，机用铰刀为等距分布刀齿，如图 6—36 所示。

（6）铰刀直径。铰刀直径是铰刀最基本的结构参数，其精确程度直接影响铰孔精度。标准铰刀按直径公差分一、二、三号，直径尺寸一般留有 0.005 ~ 0.02 mm 研磨量。铰孔后孔径有时可能收缩或扩张，最后通过试铰，按实际情况修正。机用铰刀一般用高速钢制作，手用铰刀用高速钢或高碳钢制作。

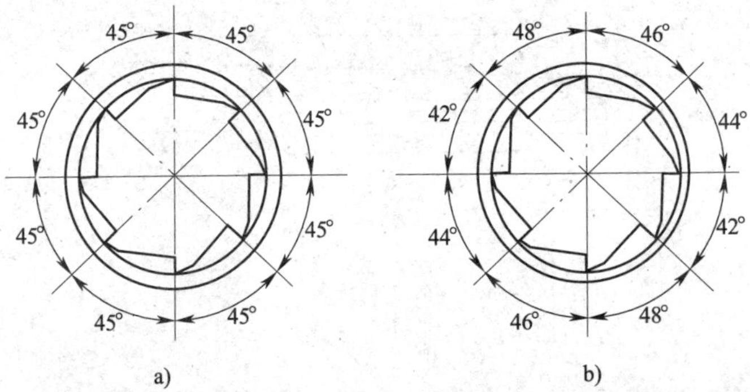

图 6—36　铰刀刀齿的分布

a）均匀分布　b）不均匀分布

2．可调节的手用铰刀

可调节的手用铰刀用于单件生产和修配工作中需要铰削少量的非标准孔。图 6—37a 所示可调节铰刀的刀体上开有斜底槽，具有同样斜度的刀片可放置在槽内，用调整螺母和压圈压紧刀片的两端。调节调整螺母，可使刀片沿斜底槽移动（图 6—37b），调整后测量它的直径是否符合要求，反复调整直到符合要求的直径（图 6—37c）。

3．锥铰刀

锥铰刀用于铰削圆锥孔。

（1）1∶50 锥铰刀。用来铰削圆锥定位销孔的铰刀（图 6—38）。

（2）1∶10 锥铰刀。用来铰削联轴器上锥孔的铰刀。

（3）莫氏锥度铰刀。用来铰削 0～6 号莫氏锥孔的铰刀。

（4）1∶30 锥铰刀。用来铰削套式刀具上锥孔的铰刀。

用锥铰刀铰孔，加工余量大，整个刀齿都作为切削刃进入切削，负荷重，因此每进刀 2～3 mm 应将铰刀取出一次，以清除切屑。1∶10 锥孔和莫氏锥孔的锥度大，加工余量就更大，为使铰孔省力，这类铰刀一般制成 2～3 把一套（图 6—39）。锥度

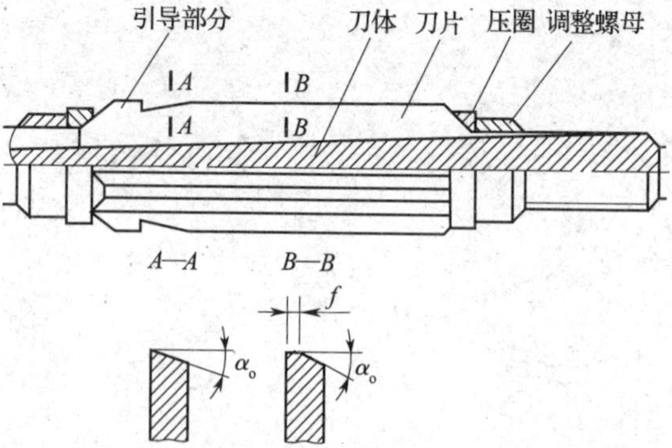

a)

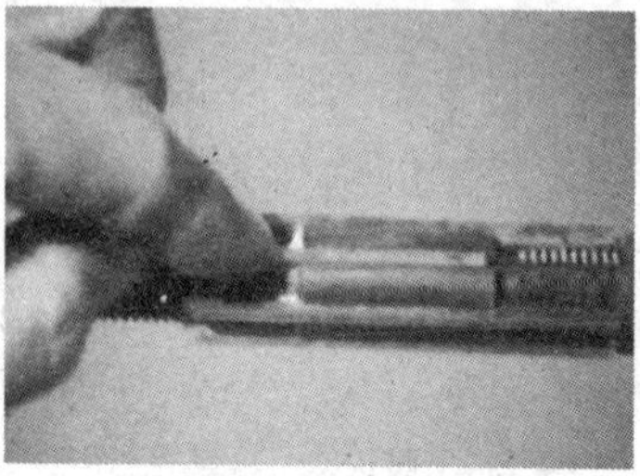

b)

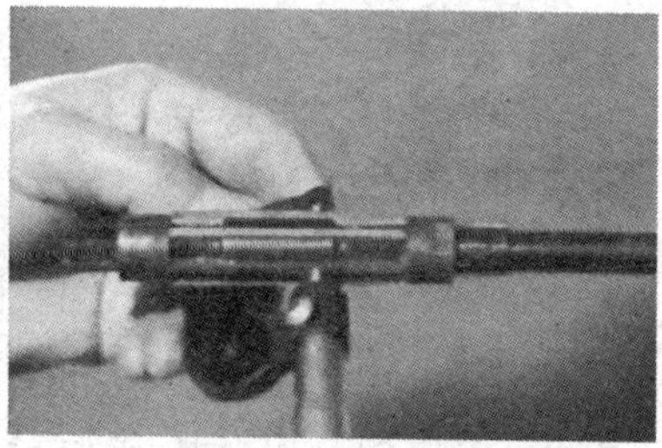

c)

图 6—37 可调式手用铰刀

a）可调式手用铰刀的结构 b）内滑片 c）测量直径

图 6—38 1∶50 锥铰刀

a)

b)

图 6—39 成组铰刀

a）粗铰刀 b）精铰刀

较大的锥孔，铰孔前的底孔应钻成阶梯孔，如图 6—40 所示，然后再用锥铰刀铰削，铰削过程中要经常用相配的锥销来检查铰孔尺寸，如图 6—41 所示。

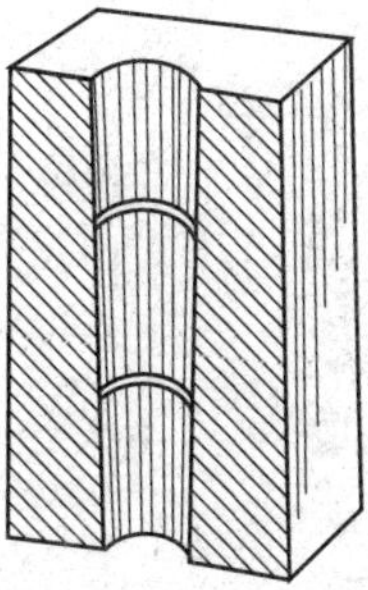

图 6—40　钻阶梯孔

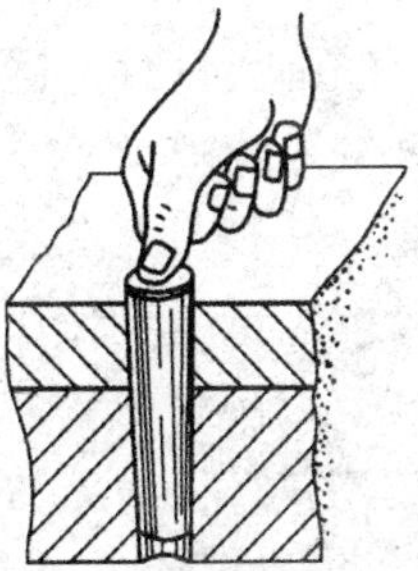

图 6—41　用锥销检查锥孔

4．螺旋槽手用铰刀

螺旋槽手用铰刀用于铰削有键槽孔，如图 6—42 所示。这种铰刀铰孔时，铰削阻力沿圆周均匀分布，铰削平稳，铰出的孔光滑，一般螺旋槽方向应是左旋。

图 6—42　螺旋槽手用铰刀

5．硬质合金机用铰刀

硬质合金机用铰刀适用于高速铰削和铰削硬材料。硬质合金铰刀刀片有 YG 类和 YT 类两种。YG 类适合铰削铸铁类材料，YT 类适合铰削钢类材料。

二、铰削工艺

1．铰削余量 a_p

铰削余量是指上道工序（钻孔或扩孔）完成后留下的直径方向的加工余量。铰削余量不宜过大，因为铰削余量过大，会使刀齿切削负荷增大，变形增大，切削热增加，被加工表面呈撕裂状态，致使尺寸精度降低，表面粗糙度值增大，同时加剧铰刀磨损。但铰削余量也不宜太小，否则上道工序残留变形难以纠正，原有刀痕不能去除，铰削质量达不到要求。

确定铰削余量时，还要考虑铰孔的工艺过程：

标准铰刀铰削 $D<40$ mm、IT8 级精度、表面粗糙度 Ra 值不大于 1.25 μm 的孔，其工艺过程为：钻孔→扩孔→粗铰→精铰。精铰时铰削余量一般为 0.1～0.2 mm。

标准铰刀铰削 IT9 级精度、表面粗糙度 Ra 值不大于 2.5 μm 的孔，其工艺过程为：钻孔→扩孔→铰孔。

2. 机铰切削速度（v）

为了得到较小的表面粗糙度值，必须避免产生刀瘤，减少切削热及变形，因而机铰应采取较小的切削速度。

3. 机铰进给量（f）

机铰进给量要适当，过大铰刀易磨损，影响加工质量；过小则很难切下金属材料，形成对材料挤压，使其产生塑性变形和表面硬化，最后形成刀刃撕去大片切屑，使表面粗糙度值增大，并加快铰刀磨损。

4. 铰孔时的冷却润滑

铰削的切屑细碎且易粘附在刀刃上，甚至挤在孔壁与铰刀之间，而刮伤表面、扩大孔径。所以铰削时必须加适当的切削液冲掉切屑，减少摩擦，并降低工件和铰刀温度，防止产生刀瘤。

技能训练

一、训练内容

完成图 6—43 所示铰削加工。

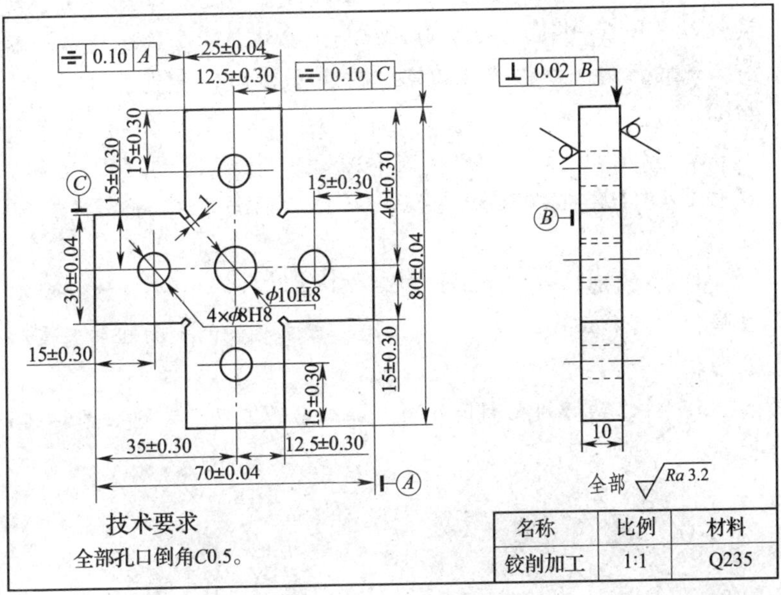

图 6—43　铰削加工

1. 按图样划出需加工孔的中心，冲中心样冲，做好铰孔的预加工，即加工出四个 ϕ8H8 的底孔 ϕ7. 8 mm 和 ϕ10H8 的底孔 ϕ9. 8 mm。

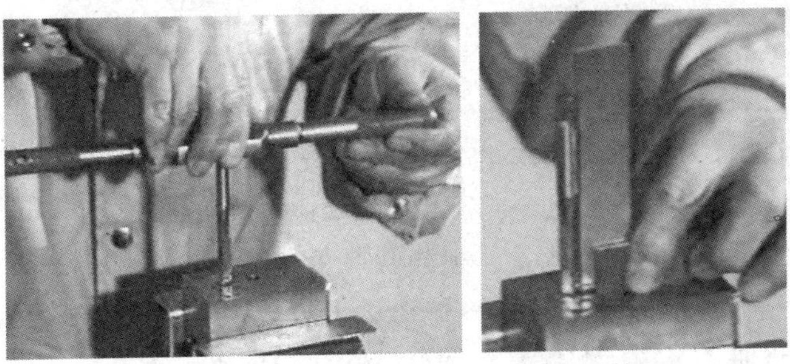

a)　　　　b)

图 6—44　起铰方法一

2. 起铰时，可用右手通过铰孔轴线施加进刀压力，左手转动铰刀（图 6—44a）。铰削时两手用力要均匀、平稳地旋转，不得有侧向压力。并检查铰刀与工件大平面间的垂直度（图 6—44b）。

3. 铰削过程中，铰刀铰孔或退出铰刀时均不能反转，以防止刃口磨钝以及切屑嵌入刀具后面与孔壁间，将孔壁划伤。

4. 在铰削过程要添加切削液（图 6—45），以此来减少摩擦并降低刀具和工件的温度，从而减少加工表面的表面粗糙度值和孔的扩大量。

5. 对已钻好的孔倒角处理。加工后的工件效果图如图6—46所示。

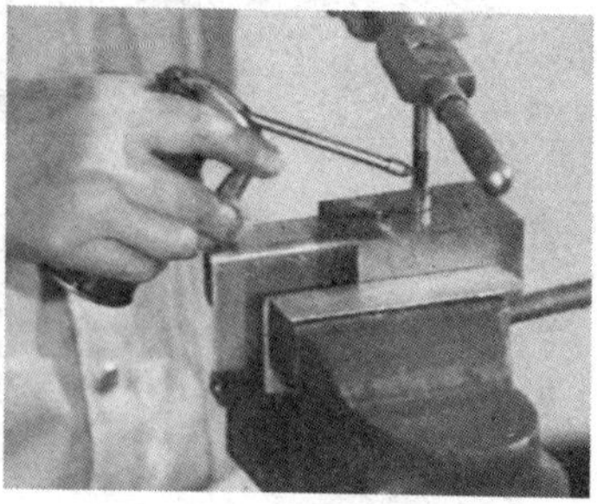

图 6—45　加切削液

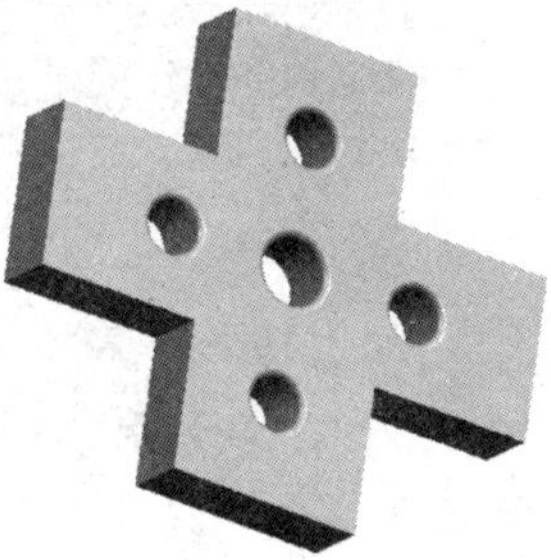

图 6—46　工件效果图

二、注意事项

1. 铰刀是精加工工具，要保护好刃口，避免碰撞，刀刃上如有毛刺或切屑粘附，可用油石小心地磨去。

2. 铰刀排屑功能差，须经常取出清屑，以免铰刀被卡住。

三、技能测评

根据表 6—4 铰孔加工评分标准进行技能测评。

表 6—4　　　　铰孔加工评分标准

序号	技术要求	配分	评分标准	交检记录	分数
1	（15 ±0. 30）mm（6 处）	18 分	超差一处扣 3 分		
2	（12. 5 ±0. 30）mm（2 处）	6 分	超差一处扣 3 分		
3	孔口倒角（5 处）	15 分	超差一处扣 3 分		
4	ϕ8H8（4 处）	（12 分）	超差一处扣 3 分		
5	ϕ10H8	3 分	超差全扣		
6	孔壁表面粗糙度 Ra3. 2 μm	20 分	超差一处扣 4 分		
7	（40 ±0. 30）mm	3 分	超差全扣		
8	（35 ±0. 30）mm	3 分	超差全扣		
9	铰削动作	10 分	酌情扣分		
10	铰刀的保养	10 分	酌情扣分		
11	安全文明生产		酌情扣分		

第七单元　螺 纹 加 工

模块一　攻　螺　纹

培训目标：

1. 掌握螺纹的主要参数，能识读螺纹图样；
2. 掌握攻螺纹工具的特点；
3. 掌握攻螺纹前底孔直径与孔深的确定；
4. 掌握攻螺纹的操作要领。

螺纹加工是钳工加工的重要技能之一。在学习螺纹加工前，我们先来认识一下螺纹的有关知识。

一、螺纹的基本知识

在生产生活中螺纹无处不在，如用于零部件固定、连接的各种螺栓、螺钉、螺母，如机床丝杠利用螺纹传递运动和力等。在圆柱或圆锥外表面上形成的螺纹称为外螺纹，在内表面上形成的螺纹称为内螺纹，如图 7—1 所示。内外螺纹总是成对使用，如图 7—2 所示。国家标准对螺纹紧固件的结构、规格尺寸和技术要求作了统一规定，实现了标准化，这样的螺纹紧固件是标准件。

螺纹的种类很多，有标准螺纹、特殊螺纹和非标准螺纹，其中以标准螺纹最常用，如图 7—3 所示。在标准螺纹中，除管螺纹采用英制外，其他螺纹一般采用公制。

a)　　b)

图 7—1　螺纹

a）外螺纹　b）内螺纹

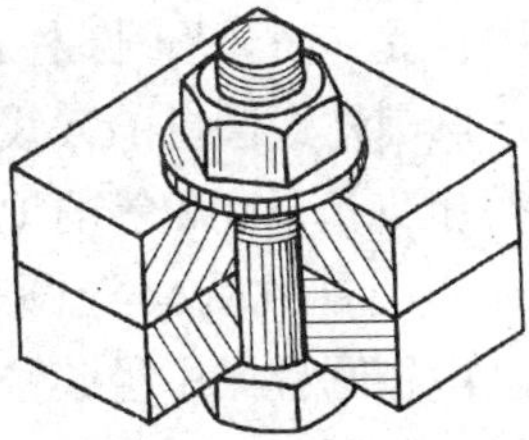

图 7—2　内、外螺纹连接

1．螺纹的主要参数

（1）螺纹牙型。螺纹牙型是指在通过螺纹轴线的剖面上螺纹的轮廓形状，常见的有三角形、梯形、锯齿形等。在螺纹牙型上，两相邻牙侧间的夹角为牙形角，牙型角有 55°（英制）、60°、30°等。

- 标准螺纹
  - 普通螺纹
    - 普通粗牙螺纹
    - 普通细牙螺纹
  - 管螺纹
    - 用螺纹密封的管螺纹
      - 圆锥内螺纹
      - 圆锥外螺纹
      - 圆柱内螺纹
    - 非螺纹密封的管螺纹（圆柱管螺纹）
    - 60°圆锥管螺纹
  - 梯形螺纹
  - 锯齿形螺纹

图 7—3　螺纹的种类

（2）螺纹大径（d 或 D）。螺纹大径是指与外螺纹牙顶或内螺纹牙底相切的假想圆柱或圆锥的直径，如图 7—4 所示。国标规定：公制螺纹的大径是代表螺纹尺寸的直径，称为公称直径。

（3）螺纹小径（d_1 或 D_1）。螺纹小径是指与外螺纹的牙底或内螺纹的牙顶相切的假想圆柱或圆锥的直径，如图 7—4 所示。

(4) 螺纹中径(d_2 或 D_2)。螺纹中径是一个假想圆柱或圆锥的直径,该圆柱或圆锥的素线通过牙型上沟槽和凸起宽度相等的地方。该假想圆柱或圆锥称为中径圆柱或中径圆锥,中径圆柱或中径圆锥的直径称为中径,如图 7—4 所示。

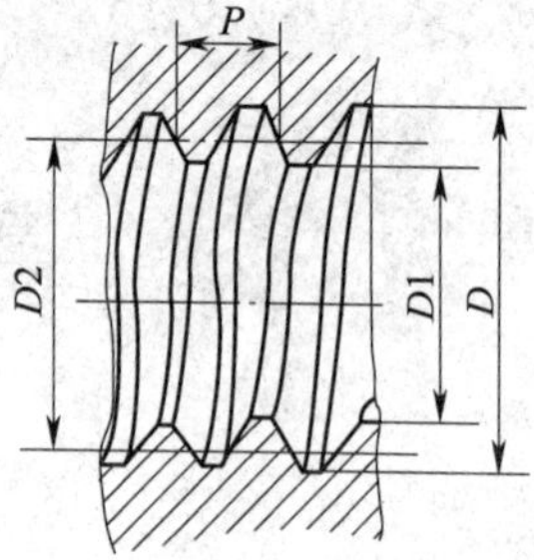

图 7—4　螺纹大径、小径和中径

(5) 线数。螺纹线数是指一个圆柱表面上的螺旋线数目。它分单线、双线和多线。沿一条螺旋线所形成的螺纹为单线螺纹;沿两条或多条轴向等距离分布的螺旋线所形成的螺纹称为双线螺纹或多线螺纹。

(6) 螺距(P)。螺距是指相邻两牙在中径线上相对应两点间的轴向距离,如图 7—4 所示。

(7) 螺纹的旋向。旋向是指螺纹在圆柱面或圆锥面上的绕行方向,有左旋和右旋两种。顺时针旋转时旋入的螺纹为右旋螺纹,逆时针旋转时旋入的螺纹为左旋螺纹。螺纹的旋向一般用左、右手法则来判别,如图 7—5 所示。

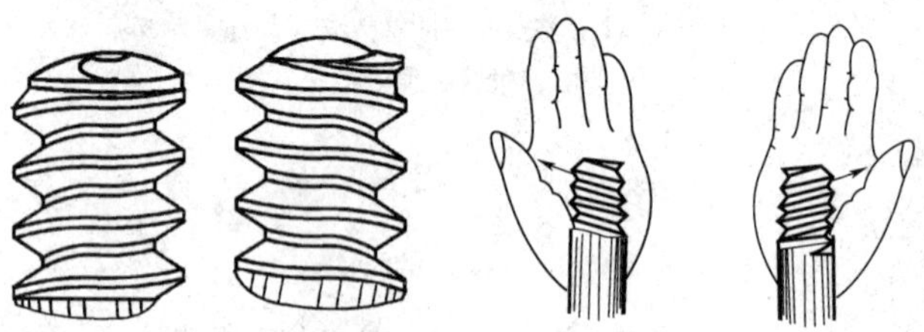

图 7—5　螺纹旋向

2. 普通螺纹的标记

普通螺纹标记由螺纹代号、螺纹公差代号和螺纹旋合长度代号组成。

（1）普通螺纹代号

1）普通粗牙螺纹代号即 M + 公称直径。如 M30 表示公称直径为 30 mm 的普通粗牙螺纹。

2）普通细牙螺纹代号即 M + 公称直径 × 螺距。如 M30 × 2 表示公称直径为 30 mm、螺距为 2 mm 的普通细牙螺纹。

注意：右旋螺纹不加标注；若螺纹为左旋时，则在螺纹代号之后加“LH”。例如 M24LH。

（2）螺纹公差代号。螺纹公差代号由公差等级数字和表示其位置的字母所组成。如：5g（外螺纹）、6H（内螺纹）。它标在螺纹代号之后，中间用“—”分开。若螺纹的中、大径公差带代号不同，则分别注出，前者表示中径公差带，后者表示大径公差带；若相同，则只标注一个代号。如 M10—5g6g、M10 × 1—6H。

（3）螺纹旋合长度代号。螺纹旋合长度是指两个相互配合的螺纹沿螺纹轴线方向相旋合部分的长度。旋合长度分为三种：“S”—短旋合；“N”—中等旋合（一般不标注）；“L”—长旋合。它标在公差带代号之后，中间用“—”分开。如 M10—5g6g—S。有特殊需要时，可注明旋合长度的数值，中间用“—”分开。如 M20 × 2—7g6g—40。

3. 螺纹的画法

（1）外螺纹的画法。国家标准规定，外螺纹的大径及螺纹的终止线用粗实线表示，小径用细实线表示，在平行于螺杆轴线的投影面的视图中，螺杆的倒角或倒圆部分也应画出；在左视图中，表示牙底的细实线圆只画约 3/4 圈，此时螺纹的倒角规定省略不画，如图 7—6 所示。

（2）内螺纹的画法。图 7—7 是内螺纹的画法。剖开表示时，大径为细实线，小径及螺纹终止线为粗实线，如图 7—7a 所示。不剖开表示时，大径、小径和螺纹终止线皆为虚线，如图 7—7b 所示。在左视图中，牙底仍然画成约为 3/4 圈的细实线，并规定螺纹的倒角也省略不画。

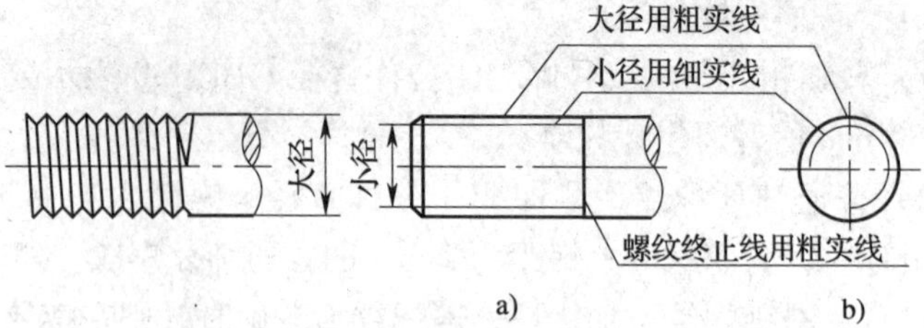

图 7—6　外螺纹的画法

a）主视图　b）左视图

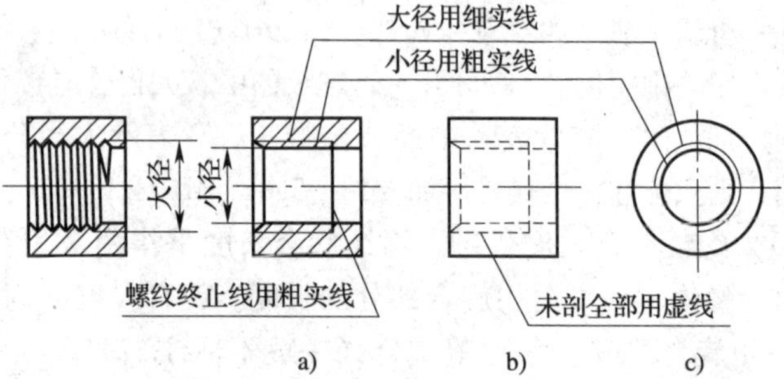

图 7—7　内螺纹画法

a）全剖主视图　b）未剖主视图　c）左视图

（3）内、外螺纹连接的画法。图 7—8 表示为装配在一起的内、外螺纹连接的画法。国标规定，在剖视图中表示螺纹连接时，其旋合部分应按外螺纹的画法表示，非旋合部分仍按各自的画法表示。

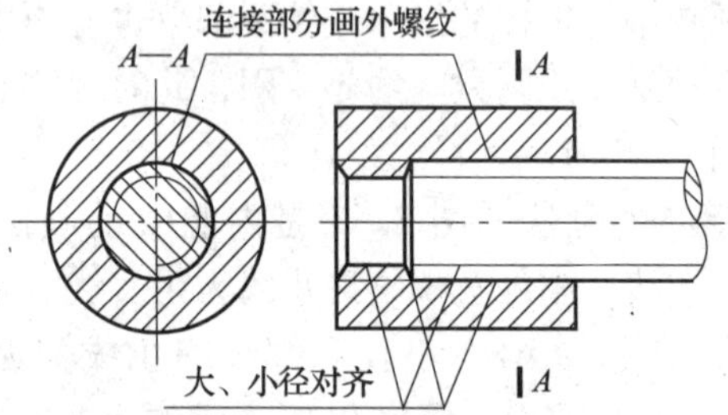

图 7—8　内、外螺纹连接画法

二、攻螺纹工具

1. 丝锥

丝锥是加工内螺纹的工具，有机用丝锥和手用丝锥。

（1）丝锥的构造。丝锥由工作部分和柄部组成。工作部分包括切削部分和校准部分，如图 7—9 所示。加工不通孔螺纹，为使切屑向上排出，容屑槽做成右旋槽；加工通孔螺纹，为使切屑向下排出，容屑槽做成左旋槽。一般丝锥的容屑槽位为 3 ~ 4 个。

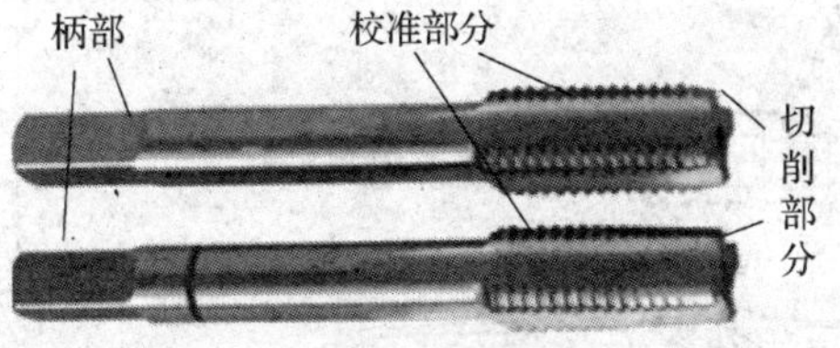

图 7—9　丝锥

（2）成组丝锥切削用量分配。为了减少切削力和延长丝锥使用寿命，一般将整个切削工作量分配给几支丝锥来担当。通常 M16 ~ M24 的丝锥每组两支；M16 以下及 M24 以上的丝锥每组有三支；细牙螺纹丝锥为两支一组，如图 7—10 所示。

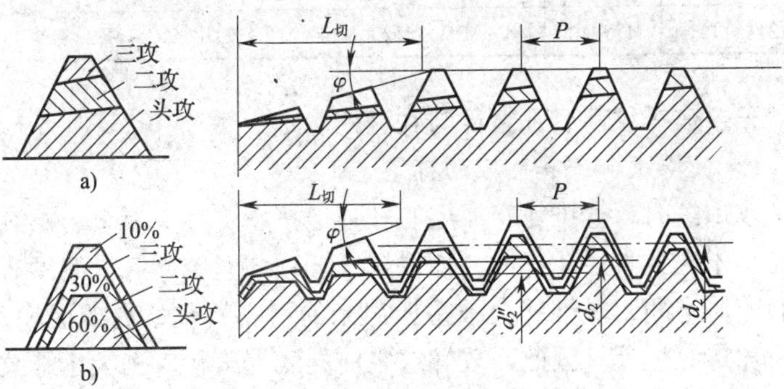

图 7—10　成组丝锥切削分配

a）锥形分配　b）柱形分配

$L_切$—丝锥切削部分长度　φ—切削锥角　P—螺距　d_2、d_2'、d_2''—中径

2．铰杠

铰杠是手工攻螺纹时用来夹持丝锥的工具。铰杠分普通铰杠（图 7—11）和丁字形铰杠（图 7—12）两类。每类铰杠又有固定式和可调式两种。普通可调式铰杠可以调节方孔尺寸，故应用范围较广，有 150 ~ 600 mm 六种规格，铰杠长度应根据丝锥尺寸的大小选择，以控制一定的攻螺纹扭矩，其适用范围见表 7—1。

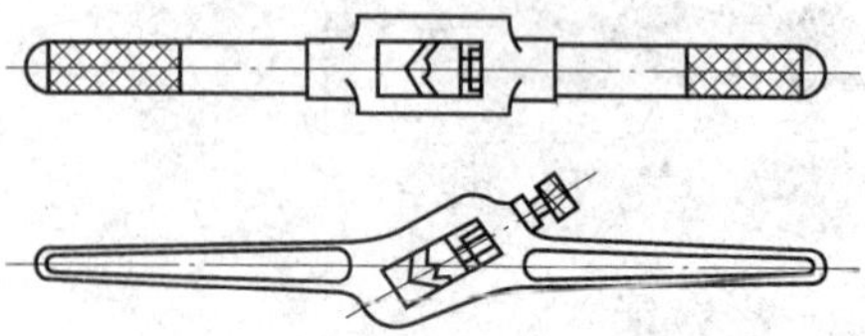

图 7—11　普通铰杠

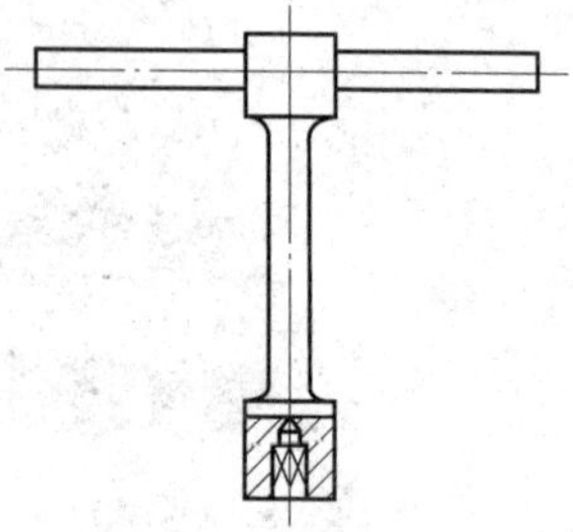

图 7—12　丁字形铰杠

表 7—1　可调式铰杠的适用范围

可调式铰杠规格/mm	150	230	280	380	580	600
适用丝锥范围	M5 ~ M8	M8 ~ M12	M12 ~ M14	M14 ~ M16	M16 ~ M22	M24 以上

三、攻螺纹前底孔直径与孔深的确定

1．攻螺纹前底孔直径的确定

攻螺纹时，丝锥对金属层有较强地挤压作用，使攻出螺纹的小径小于底孔直径，此时，如果螺纹牙顶与丝锥牙底之间没有足够的容屑空间，丝锥就会被挤压出来的材料箍住，易造成崩刃、折断和螺纹烂牙。因此，攻螺纹之前的底孔直径应稍大于螺纹小径（图 7—13a），一般应根据工件材料的塑性和钻孔时的扩张量来考虑，使攻螺纹时既有足够的空隙容纳被挤出的材料，又能保证加工出来的螺纹具有完整的牙型。

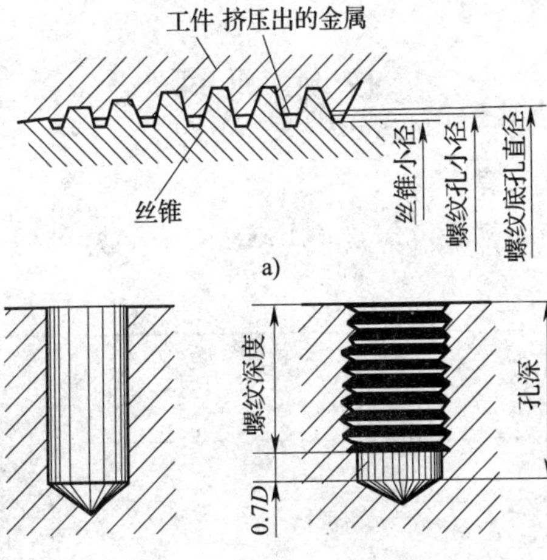

图 7—13　螺纹底孔深度的确定

加工普通螺纹底孔的钻头直径计算公式如下：

（1）对钢和其他塑性大的材料，扩张量中等：

$$D_{孔} = D - P$$

（2）对铸铁和其他塑性小的材料，扩张量较小：

$$D_{孔} = D - (1.05 \sim 1.1)P$$

式中　$D_{孔}$——螺纹底孔钻头直径，mm；

D——内螺纹大径，mm；

P——螺距，mm。

2. 攻螺纹前孔深度的确定

攻盲孔螺纹时，由于丝锥切削部分不能攻出完整的螺纹牙型，所以钻孔深度要大于螺纹的有效长度（图 7—13b）。计算公式如下：

$$H_{深} = H_{有效} + 0.7D$$

式中　$H_{深}$——底孔深度，mm；

$H_{有效}$——螺纹有效长度，mm；

D——内螺纹大径，mm。

技能训练

一、训练内容

在前面钻孔模块工件基础上继续完成如图7—14所示螺纹加工。

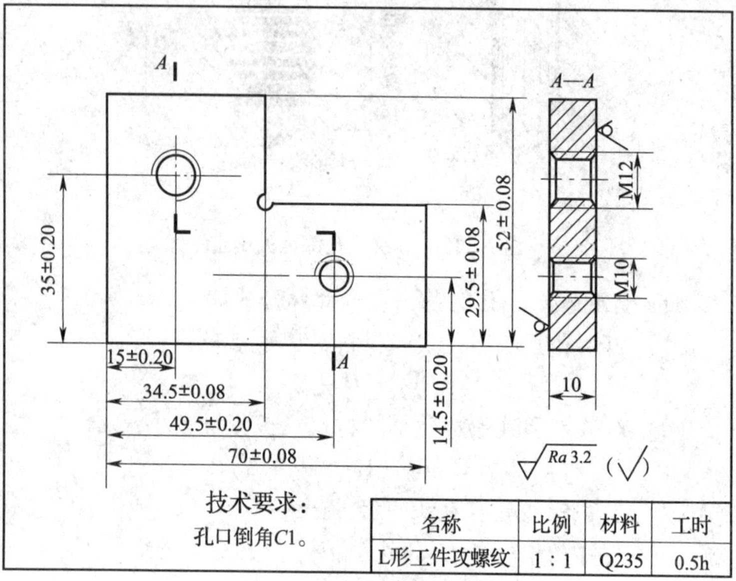

图7—14　L形工件攻螺纹

1. 检查工件孔是否符合螺纹底孔的要求，若偏小可再进行扩孔加工到所需要的直径。

2. 按确定的攻螺纹的底孔直径钻底孔，并将孔口倒角，便于丝锥顺利切入。

3. 起攻时，可一手手掌按住铰杠中部沿丝锥轴线用力加压，另一手配合作顺向旋进，如图7—15所示；或两手握住铰杠两端均匀施压，并将丝锥顺向旋进，保证丝锥轴线与孔轴线重合。

4. 当丝锥攻入 1 ~ 2 圈时，应检查丝锥与工件表面的垂直度，并不断矫正，如图 7—16 所示；丝锥的切削部分进入工件后，要间断性地倒转 1/4 ~ 1/2 圈，进行断屑和排屑。

5. 攻螺纹时，必须按头攻、二攻、三攻顺序攻削至标准尺寸。

6. 攻螺孔时，要加适合的切削液。

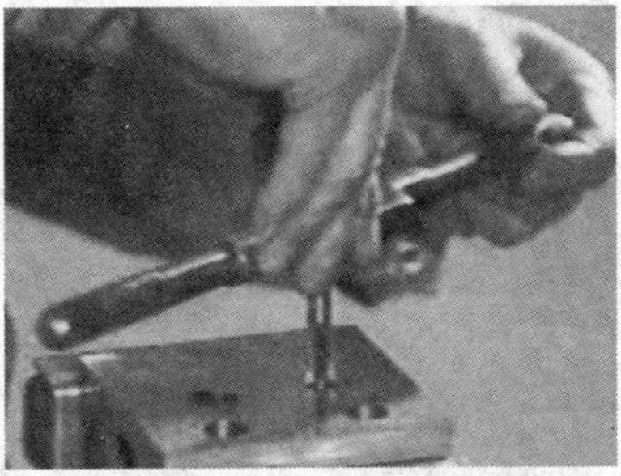

图 7—15　起攻

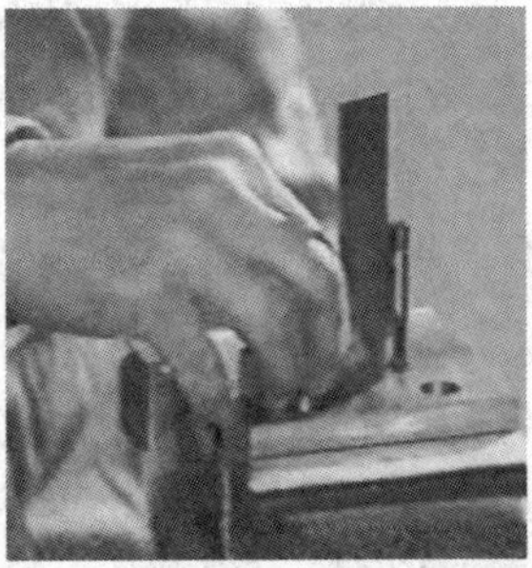

图 7—16　检查垂直度

二、技能测评

根据表 7—2 L 形工件攻螺纹评分标准进行技能测评。

表 7—2　　L 形工件攻螺纹评分标准

序号	技术要求	配分	评分标准	交检记录	分数
1	M10	8 分	超差全扣		
2	M12	8 分	超差全扣		
3	(15 ±0. 20) mm	8 分	超差全扣		
4	(35 ±0. 20) mm	8 分	超差全扣		
5	(49. 5 ±0. 20) mm (2 处)	14 分	超差一处扣 7 分		
6	(14. 5 ±0. 20) mm (2 处)	14 分	超差一处扣 7 分		
7	安全文明生产		酌情扣分		

模块二　套　螺　纹

培训目标：

1. 掌握套螺纹的工具特点；
2. 掌握套螺纹圆杆直径的计算；
3. 掌握套螺纹操作要点。

一、套螺纹工具

1. 板牙

板牙是加工外螺纹的工具，它用合金工具钢或高速钢制作并经淬火处理。

板牙由切削部分、校准部分和排屑孔组成，如图7—17所示。它本身就像一个圆螺母，在它上面钻有几个排屑孔而形成刀刃。

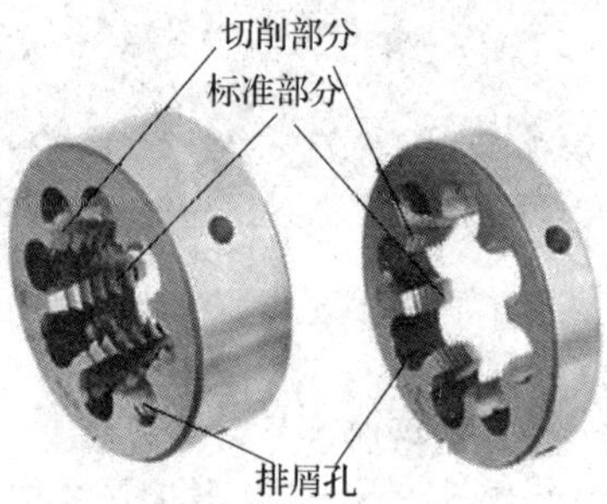

图 7—17　板牙

切削部分是板牙两端有切削锥角的部分。它不是圆锥面，而是经过铲磨而成的阿基米得螺旋面，能形成 7°～9°后角。

2. 板牙架

板牙架是装夹板牙的工具，如图 7—18 所示。板牙放入后，用螺钉紧固，如图 7—19 所示。

图 7—18　板牙架

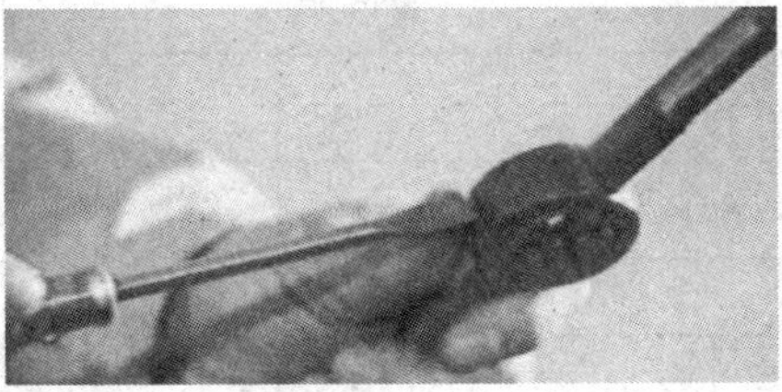

图 7—19　板牙安装

二、套螺纹前圆杆直径的确定

与丝锥攻螺纹一样，用板牙在工件上套螺纹时，材料同样因受挤压而变形，牙顶将被挤高一些。所以套螺纹前圆杆直径应稍小于螺纹的大径尺寸。一般圆杆直径用下式计算：

$$d_{杆} = d - 0.13P$$

式中　d——外螺纹大径，mm；

$d_{杆}$——套螺纹前圆杆直径，mm；

P——螺距，mm。

实际工作中也可以通过查表选取不同螺纹的圆杆直径。

技 能 训 练

一、训练内容

完成如图 7—20 所示的圆杆套螺纹加工，并与图 7—14 所示 L 形工件内螺纹配合好。

1. 为便于切入工件材料，将圆杆端部倒成 15°～20°的锥角，锥体的最小直径要小于螺纹小径，避免螺纹端面出现锋口和卷边，如图 7—21 所示。

2. 起套方法与攻螺纹起攻方法相似，一手掌心按住板牙架中心，并沿轴向施加压力，另一手配合顺向切进。转动要慢，压力要大，并保证板牙断面与圆杆轴线垂直。

3. 切入 2～3 牙后，检查垂直度误差，如发现歪斜应及时矫正。

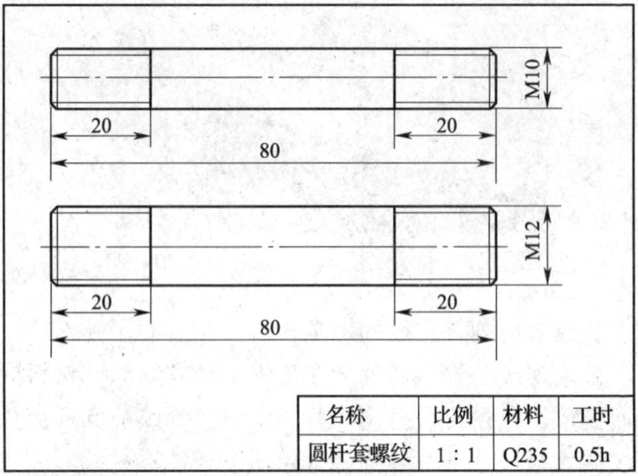

图 7—20　圆杆套螺纹加工

4. 起套完成后，应停止施加轴向压力，让板牙自然引进，以免损坏螺纹和板牙，并经常反转以断屑。

5. 在钢件上套螺纹时要加注切削液，以降低螺纹表面粗糙度值，延长板牙使用寿命。常用的切削液有乳化液和机油，如图 7—22 所示。

6. 检查外螺纹并与上一模块的 L 形工件内螺纹进行试配。

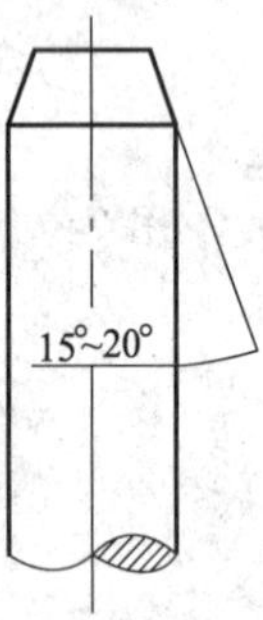

图 7—21　圆杆倒角

图 7—22　套螺纹加油图

二、技能测评

根据表 7—3 套螺纹评分标准进行技能测评。

表 7—3　　　　　　套螺纹评分标准

序号	技术要求	配分	评分标准	交检记录	分数
1	M12 牙型完整	25 分	超差全扣		
2	M10 牙型完整	25 分	超差全扣		
3	螺纹的有效长度	25 分	超差全扣		
4	与内螺纹的配合	25 分	超差全扣		
5	文明生产		酌情扣分		

第八单元　矫正和弯形

模块一　矫　　正

培训目标：

1. 掌握矫正的概念；
2. 掌握矫正的工具及其使用方法；
3. 掌握常用矫正方法操作要领。

一、何谓矫正

消除材料或制件的弯曲、翘曲、凸凹不平等缺陷的加工方法称为矫正。

金属板材或型材的不平、不直或翘曲变形主要是由于在轧制或剪切等外力作用下，金属内部组织发生变化产生的残余应力所引起。另外，原材料在运输和存放等过程中处理不当时，也会引起变形缺陷。

矫正的实质就是用新的变形抵消原有的变形，使零件能符合加工质量要求，所以只能对塑性材料（如 45 钢）进行矫正，而脆性材料（如灰口铸铁）由于塑性差，矫正时会发生零件断裂等现象。

二、手工矫正的工具

1. 平板和铁砧

平板（图 8—1）、铁砧（图 8—2）和台虎钳是矫正板材或型材的基座。

图 8—1　矫正平板

图 8—2　铁砧

2. 软、硬手锤

矫正一般材料，通常使用钳工锤和方头锤，如图 8—3 所示；矫正已加工过的表面、薄钢件或有色金属制件，应使用铜锤、木锤、橡皮锤等软锤，如图 8—4 所示。图 8—5 所示为使用木锤进行薄板的矫正。

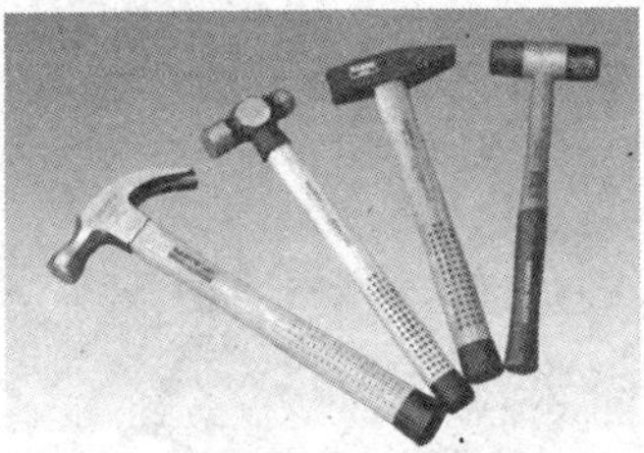

图 8—3　矫正一般材料用的锤子

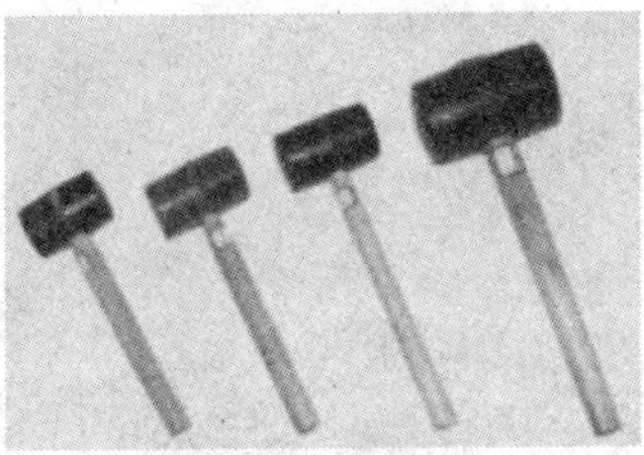

图 8—4　橡皮锤

3. 抽条和拍板

抽条是采用条状薄板料弯成的简易手工具，用于抽打较大面积板料，如图 8—6 所示。拍板是用质地较硬的木头制成的专业工具，用于敲打板料。

4. 螺旋压力工具

螺旋压力工具适用于矫正较大的轴类零件或棒料，如图 8—7 所示。

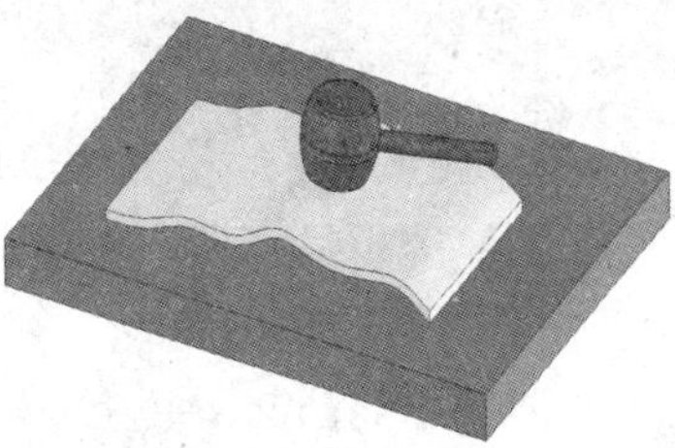

图 8—5　木锤矫正板料

5. 检验工具

检验工具包括平板、平尺、90°角尺和百分表等，如图 8—8 所示。

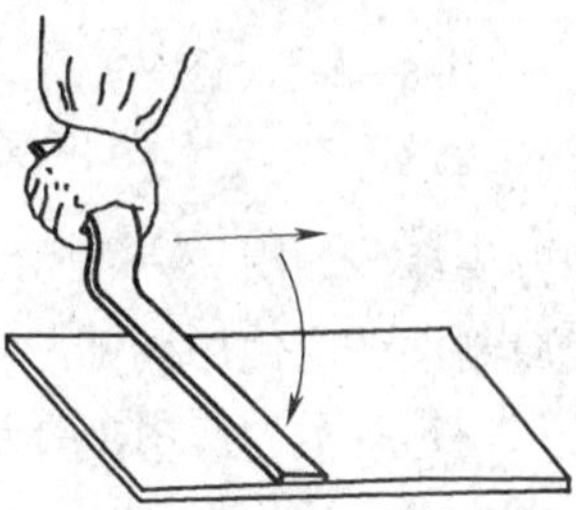

图 8—6　用抽条抽板料

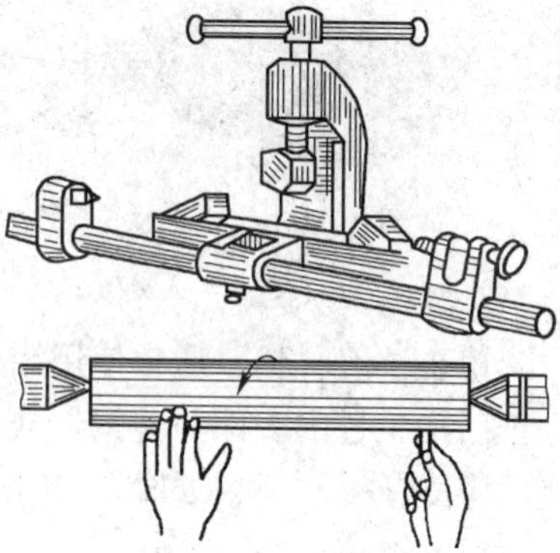

图 8—7　螺旋压力工具

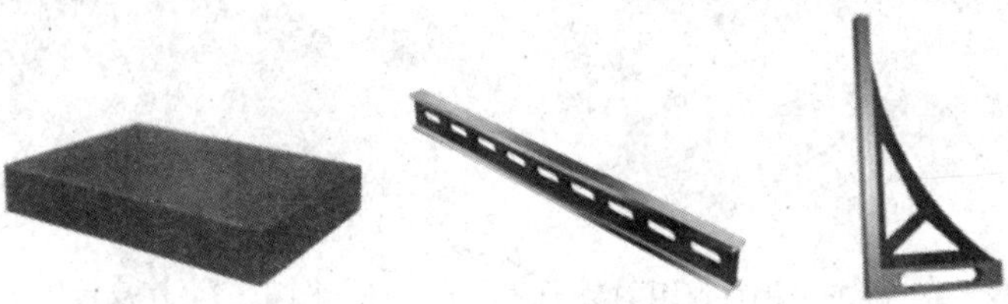

a)　　b)　　c)

图 8—8　检验工具

a）检验用大理石平板　b）平尺　c）90°角尺

三、手工矫正方法

1. 延展法

金属薄板最容易产生中部凸凹、边缘呈波浪形以及翘曲等变形，可采用延展法矫正。

薄板中间凸起，是由于变形后中间材料变薄引起的。矫正时可锤击板料边缘，使边缘材料延展变薄，厚度与凸起部位的厚度越趋近则越平整，如图 8—9 所示。

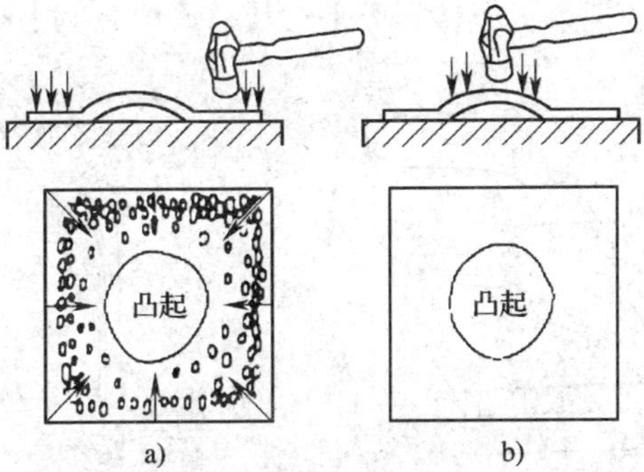

图 8—9　板料中间凸起的矫正

a）正确　b）错误

如果板料边缘呈波纹形而中间平整，这说明板料四边变薄而伸长了。矫平时应按图 8—10 中箭头所示方向，从中间向四周锤打，锤击点密度逐渐变稀，力量逐渐减小，经反复多次锤打，使板料达到平整。

如果板料发生对角翘曲时，就应沿另外没有翘曲的对角线锤击，使其延展而矫平，如图 8—11 所示。

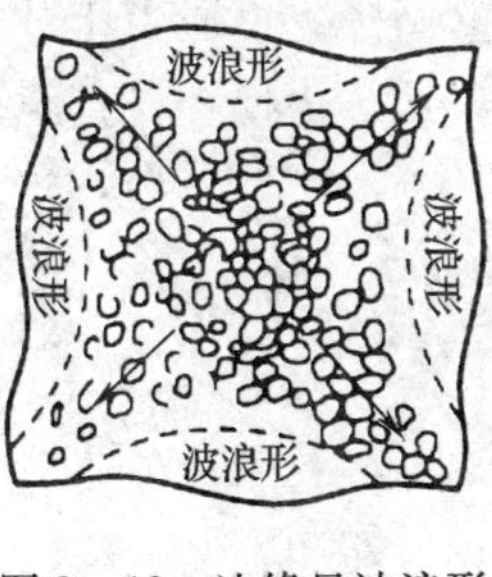

图 8—10　边缘呈波浪形板料的矫正

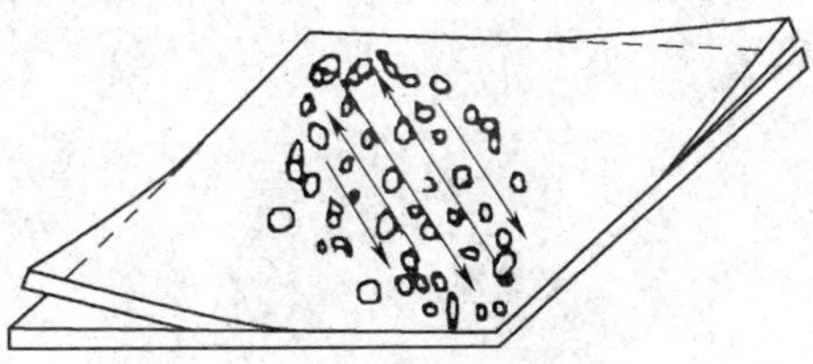

图 8—11　板料对角翘曲变形的矫正

如果板料是铜箔、铝箔等薄而软的材料，可用平整的木块在平板上推压材料的表面，使其达到平整，如图 8—12 所示也可用木锤或橡皮锤锤击。

2. 扭转法

扭转法是用来矫正条料扭曲变形的，一般将条料夹持在台虎钳上，用扳手把条料扭转到原来形状，如图 8—13 所示。

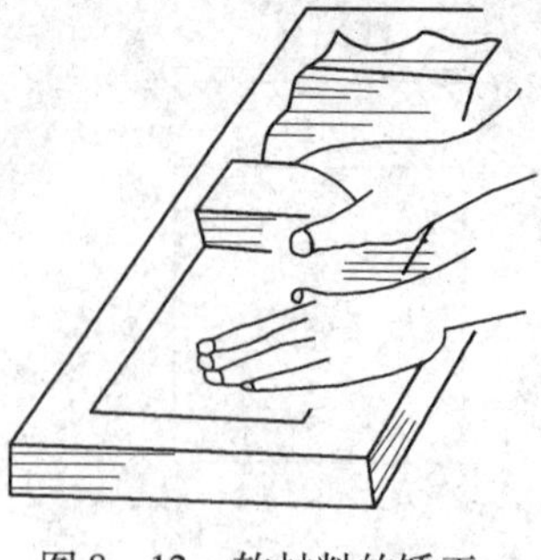

图 8—12　软材料的矫正

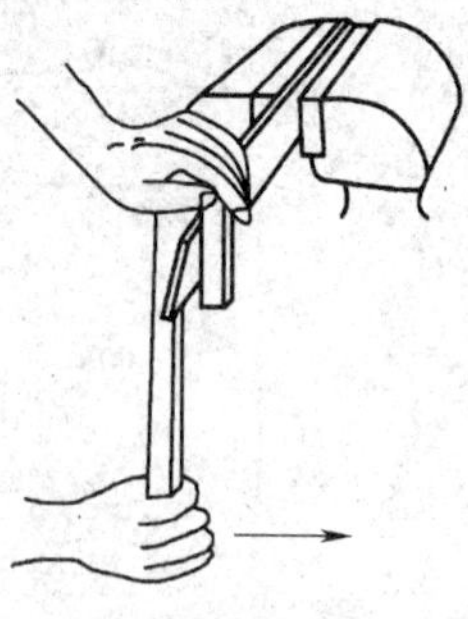

图 8—13　扭转法矫正直条料

3．弯形法

弯形法是用来矫正各种弯曲的棒料和在宽度方向上弯曲的条料。直径较小的棒料和薄条料，可夹在台虎钳上用扳手矫正。直径大的棒料和较厚的条料，则用压力机械矫正。矫正前，先把轴架在两块 V 形铁上，V 形铁的距离可按需要调节。转动轴，用粉笔画出弯曲部位，然后转动螺旋压力机的螺杆，使压块压在圆轴突起部位。为了消除因弹性变形所产生的回弹，可适当压过一些，然后用百分表检查轴的矫正情况。边矫正，边检查，直至符合要求，如图 8—14 所示。

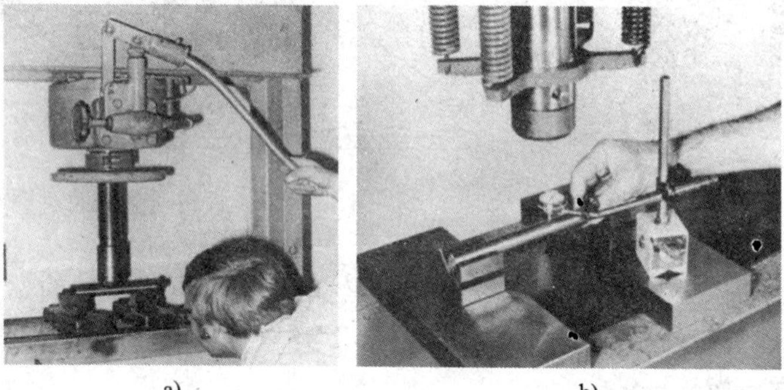

a）　　b）

图 8—14　用压力工具矫直轴类零件

a）压力机矫正轴类零件　b）轴类零件矫正时的检验

4．伸张法

伸张法是用来矫正各种细长线材的。其方法比较简单。只要将线材一头固定，然后从固定处开始，将弯曲线材绕圆木一周，紧捏圆木向后拉，使线材在拉力作用下绕过圆木得到伸长矫直，如图 8—15 所示。

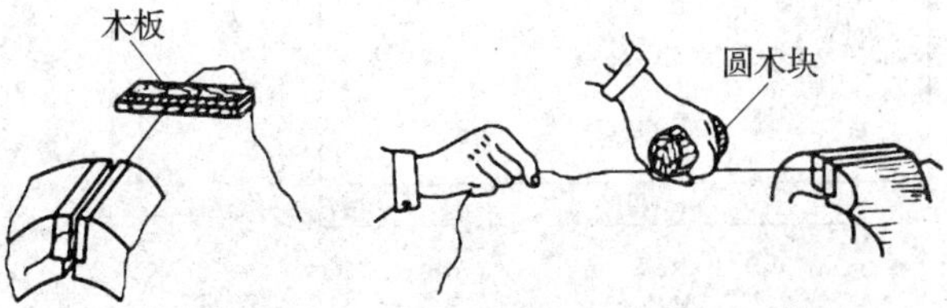

图 8—15　伸张法矫正细长线材

技 能 训 练

一、训练内容

手工矫正如图 8—16 所示薄钢板。

1．根据图 8—16 检查需矫正的薄板，利用检验工具分析薄板产生变形的部位。

2．对薄板进行矫正练习，要求无明显锤击痕，平面度达到 0.1 mm。

3．对矫正好的薄板进行去毛刺、倒棱。

二、注意事项

1．在薄板上做矫正之前，可以在旧平板上做锤平练习，避免在薄板上出现大量锤击痕迹。

2．矫正时要看准变形的部位，分层次进行矫正，不可做反。

3．对已加工工件进行矫正时，要注意保持工件的表面质量，不能有明显的锤击痕迹。

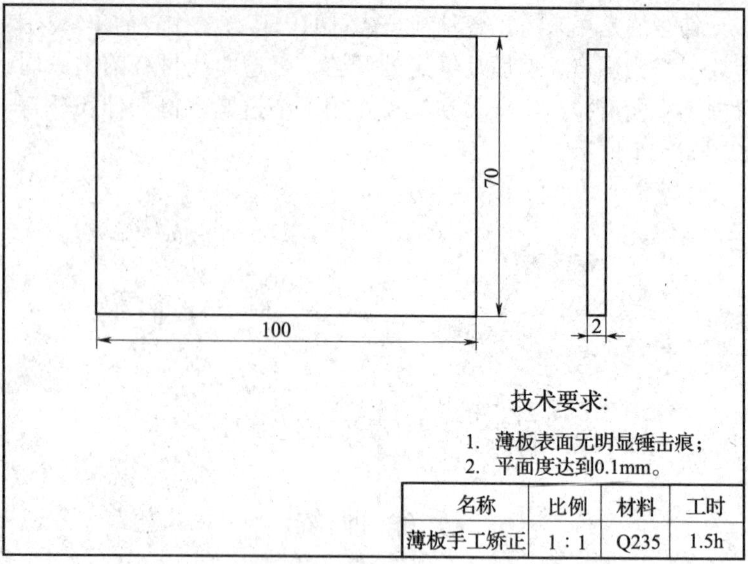

图 8—16 薄板手工矫正

4. 矫正时，不能超过材料的变形极限。

三、技能测评

根据表 8—1 薄钢板手工矫正评分标准进行技能测评。

表 8—1　　　　薄钢板手工矫正评分标准

序号	技术要求	配分	评分标准	交检记录	分数
1	敲击部位准确	20 分	酌情扣分		
2	无明显锤击痕迹	20 分	每处扣 5 分		
3	平面度 0. 1 mm	30 分	超 0. 1 mm 扣 5 分		
4	延展成型质量	30 分	酌情扣分		
5	安全文明实习		酌情扣分		

模块二　弯　　形

培训目标：

1. 掌握弯形的基本概念；
2. 掌握弯形坯料尺寸的计算；
3. 掌握弯形的操作要领。

一、弯形概述

将坯料弯成所需形状的加工方法称为弯形。图 8—17 所示为钢板弯形前后情况。

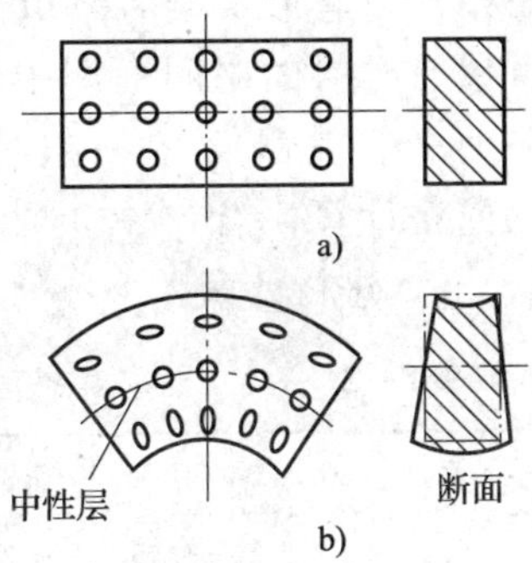

图 8—17　钢板弯形情况
a）弯形前　b）弯形后

弯形是使材料产生塑性变形，因此只有塑性较好的材料才能进行弯形。弯形越靠近材料表面，金属变形越严重，也就越容易出现拉裂或压裂现象。

相同材料的弯形，工件外层材料变形的大小，决定于工件的弯形半径。弯形半径越小，外层材料变形越大。为了防止弯形件拉裂或压裂，必须限制工件的弯形半径，使它大于导致材料开裂的临界弯形半径——最小弯形半径。

最小弯形半径的数值是由实验确定。常用钢材的弯形半径如果大于 2 倍材料厚度，一般就不会产生裂纹。如果工件的弯形半径较小时，可分多次弯形，中间进行退火，以避免弯裂。

材料弯形虽然是塑性变形，但也有弹性变形存在。工件弯形后，由于弹性变形的回复，使得弯形角度和弯形半径发生变化，这种现象称为回弹。所以工件在弯形过程最好能够适当多弯过一些，以抵消工件的回弹。

二、弯形坯料长度计算

坯料弯形后，只有中性层的长度不变，因此，弯形前坯料长度可按中性层的长度进行计算。但材料弯形后，中性层一般并不在材料的正中，而是偏向内层材料一边。实验证明，中性层的实际位置与材料的弯形半径 r 和材料的厚度 t 有关。图 8—18 所示为弯形时中性层的位置。表 8—2 为中性层位置系数 x_0 的值。从表 8—2 中中性层位置系数 r/t 值可以看出，当弯形半径 $r \geqslant 16t$ 时，中性层在材料的中间（即中性层与几何中心重合）。在一般情况下，为简化计算，当 $r/t \geqslant 8$ 时，可取 $x_0 = 0.5$ 进行计算。

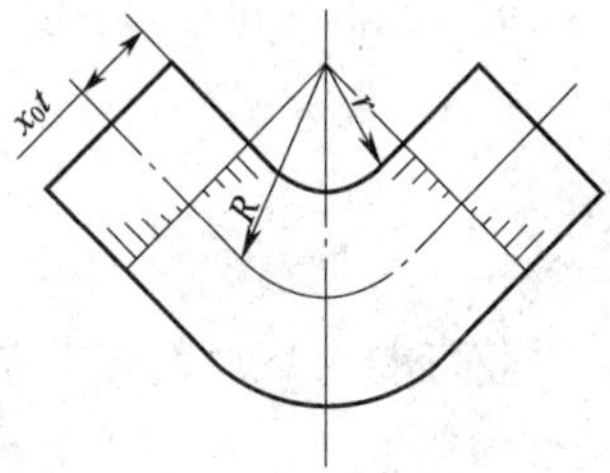

图 8—18　弯形时中性层的位置

表 8—2　　中性层位置系数 x_0 的值

r/t	0.25	0.5	0.8	1	2	3	4	5
x_0	0.2	0.25	0.3	0.35	0.37	0.4	0.41	0.43
r/t	6	7	8	10	12	14	≥16	
x_0	0.44	0.45	0.46	0.47	0.48	0.49	0.5	

圆弧部分中性层长度的计算公式为：

$$A = \pi(r + tx_0)\alpha/180°$$

式中　A——圆弧部分中性层长度，mm；

r——内弯形半径，mm；

x_0——中性层位置系数；

t——材料厚度，mm；

α——弯形角（°）。

内面弯形成不带圆弧的直角制件时，其弯形部分可按弯形前后毛坯体积不变的原理进行计算，一般采用经验公式 $A=0.5t$ 计算。

例 8—1 已知图 8—19 所示制件，弯形角 $\alpha=120°$。内弯形半径 $r=16$ mm，材料厚度 $t=4$ mm，边长 $l_1=50$ mm、$l_2=100$ mm，求坯料总长度 L。

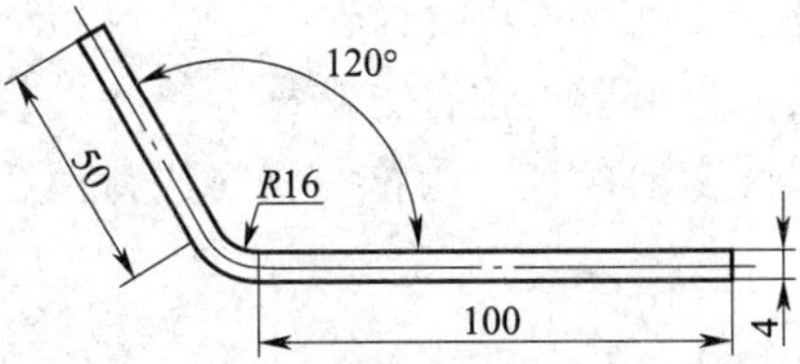

图 8—19

解：

$r/t=16/4=4$，查表得 $x_0=0.41$

$$L=l_1+l_2+A$$
$$=l_1+l_2+\pi(r+x_0t)\frac{\alpha}{180°}$$
$$=50+100+3.14\times(16+0.41\times4)\times\frac{120°}{180°}$$
$$=186.93\ (\text{mm})$$

例 8—2 在图 8—20 中，已知 $l_1=55$ mm，$l_2=80$ mm，$t=3$ mm，求坯料长度。

解： 该制件为内边是直角的弯形制件，所以

$$L=l_1+l_2+A$$
$$=l_1+l_2+0.5t$$
$$=55+80+0.5\times3$$
$$=136.5\ (\text{mm})$$

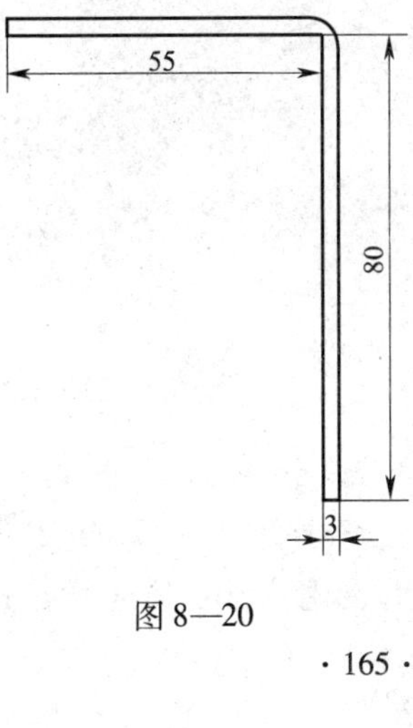

图 8—20

由于材料本身性质的差异和弯

形工艺及操作方法的不同，理论上计算的坯料长度和实际需要的坯料长度之间会有误差。因此，成批生产时要采用试弯的方法确定坯料长度，以免造成成批废品。

三、弯形方法

弯形方法有冷弯和热弯两种。在常温下进行的弯形叫冷弯。当弯形材料厚度大于 5 mm 及直径较大的棒料和管料工件时，常需要将工件加热后再弯形，这种方法称为热弯。弯形虽然是塑性弯形，但也有弹性变形存在，为抵消材料的弹性变形，弯形过程中应多弯一些。

1. 板料弯形

板料弯形指板料在厚度方向上的弯形方法。小的工件可在台虎钳上进行，先在弯形的地方划好线，然后夹在台虎钳上，使弯形线和钳口平齐，在接近划线处用木锤锤击（图 8—21a)，或用木垫垫住再用锤子敲击垫块（图 8—21b)。

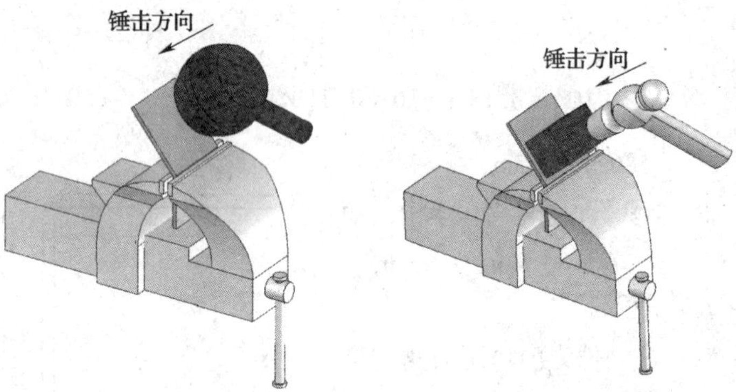

a)　　b)

图 8—21　板料在厚度方向上的弯形方法

2. 管子弯形

管子直径在 12 mm 以下可以用冷弯方法，直径大于 12 mm 采用热弯方法。管子弯形的临界半径必须是管子直径的 4 倍以上。管子直径在 10 mm 以上时，为防止管子弯瘪，必须在管内灌满、灌实干沙，两端用木塞塞紧，将焊缝至于中性层的位置上进行弯形。否则，易使焊缝开裂，如图 8—22 所示。

冷弯管子一般在弯管工具上进行，如图 8—23 所示。

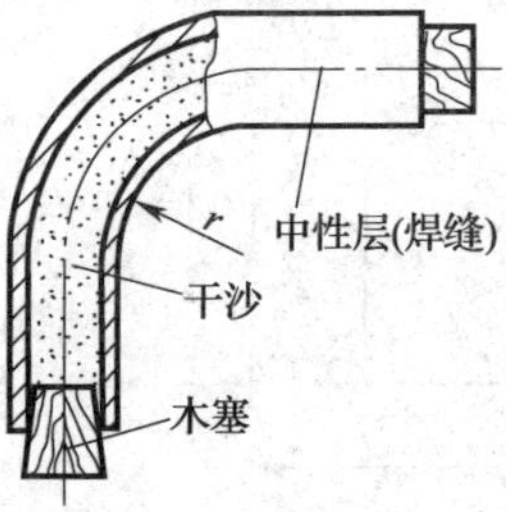

图 8—22　管子弯形方法

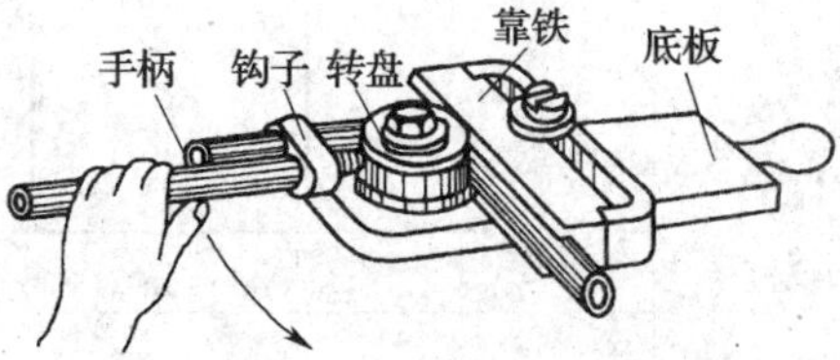

图 8—23　弯管工具

技 能 训 练

一、训练内容

在 120 mm×30 mm×2 mm 的薄板上完成如图 8—24 所示的弯形加工。

1. 检查零件弯形备料，确定落料尺寸。

2. 按图样下料并锉外形尺寸，注意宽度 30 mm 处留有 0.5 mm余量。

3. 按划线夹入角铁衬内弯 A 角，如图 8—25b 所示，再用衬垫弯 B 角，如图 8—25c 所示，最后用衬垫弯 C 角，如图 8—25d 所示。

4. 对零件 30 mm 宽度进行锤击矫平，锉修 30 mm 宽度尺寸。

5. 检查并对各边进行倒角或倒棱。

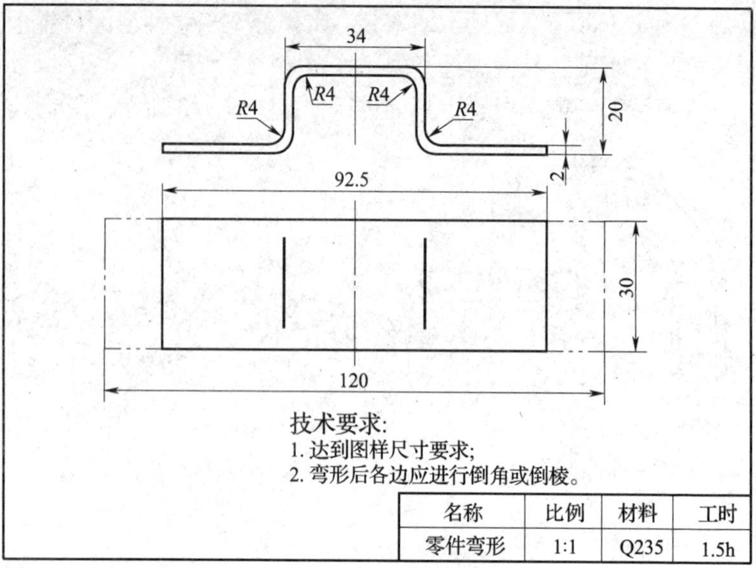

图 8—24　零件弯形图

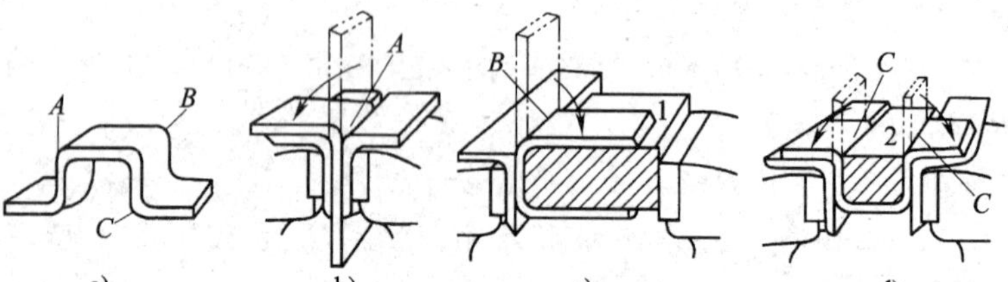

图 8—25　弯形步骤

二、注意事项

1. 锤击时，应在工件表面垫木块，以防敲伤工件表面。

2. 弯形时要注意弯曲方向和回弹量的大小。

三、技能测评

根据表 8—3 弯形加工评分标准进行技能测评。

表 8—3　　弯形加工评分标准

序号	技术要求	配分	评分标准	交检记录	分数
1	92.5 mm	10 分	超差全扣		
2	30 mm	10 分	超差全扣		
3	34 mm	10 分	超差全扣		
4	20 mm	10 分	超差全扣		
5	*R*4 mm（4 处）	40 分	超差一处扣 10 分		
6	圆角光滑	10 分	酌情扣分		
7	无明显锤击痕迹	10 分	每处扣 2 分，扣完为止		
8	安全文明生产		酌情扣分		